마린 걸스

마린 걸스
두 여성 행동생태학자가 들려주는 돌고래 이야기

Copyright © 장수진, 김미연 2023

이 책은 저작권법에 따라 보호받는 저작물이므로 무단전재와 무단복제를 금합니다.
이 책 내용의 전부 또는 일부를 이용하려면 반드시 저작권자와 에디토리얼로부터 서면 동의를 받아야 합니다.

마린 걸스

두 여성 행동생태학자가 들려주는
돌고래 이야기

장수진, 김미연 글
키박 그림

에디토리얼

차례

추천사 7

프롤로그 바다로 간 두 연구자
돌고래를 좋아하세요? 13
우리는 왜 여기서 이렇게 14
그래서 우리는 일을 벌이고 16

1장 고향 바다로 돌아간 돌고래들
STOP! 돌고래 쇼 21
남방큰돌고래와 큰돌고래 31
해양 포유류에게 서식지란 36

2장 MARC가 만난 돌고래, 돌고래 과학
꼬리 없는 돌고래 '오래' 47
돌고래의 소리를 듣다 54
남방큰돌고래의 도구 사용과 문화 62
누군가를 구별한다는 것 68
바닷속에서 만난 미쿠라섬 남방큰돌고래 77
강렬하고 애틋한 돌고래의 모아 관계 83
'웃는 돌고래' 상괭이의 떼죽음 91
돌고래의 애도 99

3장 해양 생물 연구의 현장, 연구자의 삶
아무튼, 카메라! 109
담이가 담이가 된 사연 117
제3의 눈, 드론 125
땅에는 '차님', 바다에는 '배님' 132
우리의 귀가 되어줘 140

4장 공존에 필요한 거리
그물 주변에 돌고래가 나타났다 151
고래의 죽음 159
돌고래 관광, 돌고래와의 거리 164
우리 바다에도 언젠가 다시, 귀신고래가 173
생태법인, 돌고래와 함께 사는 미래로 184

에필로그 돌고래가 가르쳐준 것 193

추천사

최재천 이화여대 에코과학부 석좌교수, 생명다양성재단 이사장

공식 석상에서 저를 소개하는 분들은 종종 "대한민국에서 가장 바쁜 분을 모셨습니다"라고 말씀하십니다. 물론 공식적으로 제가 우리나라에서 가장 바쁘다고 인정받은 것은 아닙니다. 하지만 바쁘긴 바쁩니다. 그런 제가 최근에 또 일을 하나 맡았습니다. '제주특별자치도 생태법인 제도화 워킹그룹'의 위원장 직을 수락해 제주 바다에 살고 있는 제주 남방큰돌고래에게 법인격을 부여하기 위해 열심히 뛰고 있습니다. 생태법인제도는 2017년 뉴질랜드 정부가 환가누이강의 법적 주체성을 인정하며 '사람'이나 기업, 단체 등의 '법인'이 아닌 비인간 생물 혹은 자연물에게 법적 권리를 부여하는 소중한 제도입니다.

저는 2009년 5월 불법으로 포획되어 제주 퍼시픽랜드와 서울대공원 수족관에서 돌고래 쇼를 하던 '제돌이'와 더불어 그의 친구 '삼팔이'와 '춘삼이'를 2013년 7월 18일 제주 김녕 앞바다에 풀어주었습니다. 그때도 저는 '제돌이 야생방류 시민위원회'의 위원장을 맡았습니다. 우리가 잡아 가둔 동물을 우리 손으로 정중하게 야생으로 돌려보내는 것은 우리 역사에서 한 번도 해보지 않은 일이었기에 제 깐에는 퍽 고상한 마음으로 위원장 자리를 수락했습니다. 하지만 제게는 은밀한 사심이 따로 있었

음을 고백합니다. 1994년 서울대학교 교수로 부임하기 전 2년간 저는 미국 미시간대학교 생물학과에서 교수로 지냈습니다. 그때 그곳에는 오스트레일리아 서부 퍼스Perth 연안에서 돌고래를 연구하는 4명의 대학원생이 있었습니다. 저는 그들의 연구에 매료되어 저를 조수로 데려가 달라고 조르기까지 했습니다. 제돌이와 그의 친구들은 그 학생들이 연구하던 돌고래들과 같은 종입니다.

저는 2013년 내내 그 대학원생들의 조수가 아니라 당당한 연구자로서 돌고래를 연구할 수 있을지 모른다는 흥분에 시도 때도 없이 뛰어대는 가슴을 가라앉히느라 힘들었습니다. 그러나 환갑을 맞이하는 학자로서 새로운 연구를 시작하는 것은 결코 쉽사리 저지를 수 있는 일이 아니었습니다. 그때 제 앞에 장수진 연구원이 나타났습니다. 장수진 연구원은 원래 우리 연구실에서 귀뚜라미를 연구해 석사학위를 받았는데 돌고래 연구에 도전하겠다는 것이었습니다. 겉으로는 갑자기 해양 생물을 연구한다는 게 쉽지 않은 전환이라며 짐짓 우려를 표했지만 속으로는 뛸 듯이 기뻤습니다. 얼마 후 김미연 연구원이 합류했습니다. 마린 걸스는 이렇게 탄생했습니다. 장수진 연구원은 이화여대 제 연구실에서 박사학위를 받았고, 김미연 연구원은 일본 교토대학교에서 박사학위 과정을 마치고 논문 제출만 남겨둔 상황입니다.

여러분은 유인원 연구를 이끈 세 분이 모두 여성 과학자라는 사실을 알고 계십니까? 침팬지는 제인 구달, 고릴라는 다이앤 포시, 그리고 오랑우탄은 비루테 갈디카스. 다른 과학 분야는 주로 남성 과학자가 주도하는데 왜 유인원을 연구하는 영장류학에서는 여성 과학자의 기여가 압도적일까요? 우리 못지않게 고도로 지능적인 동물을 연구하는 데에는 대부분의 남성이 지니지 못한 인내심, 세심함 그리고 헌신이 필요합니다. 돌고래는 영장류 못지않게 지적이고 사회적인 동물입니다. 장수진, 김미연 연구원은 우리나라에서 돌고래의 행동생태 behavioral ecology 연구를 처음으로 시작한 선구자들입니다. 결코 호락호락하지 않은 여건 속에서도 꿋꿋하게 그리고 즐겁게 연구하고 있는 모습을 지켜보며 한때 그들을 지도했던 교수의 지위를 내려놓고 진심으로 "존경한다"는 헌사를 바칩니다. 이 책을 읽는 분이라면 누구나 제 이런 심정에 공감하게 되실 겁니다. 제주 올레길을 걸으며 이 두 연구자를 만나면 기쁜 마음으로 응원해주시기 바랍니다.

프롤로그
바다로 간 두 연구자

우리는 해양동물생태보전연구소Marine Animal Research & Conservation(이하 MARC)를 동반 설립한 두 명의 행동생태학자이다. 제주도에서 남방큰돌고래의 행동생태를 연구하기 위해 모였던 대학원생 둘이 돌고래를 찾아 제주도 해안을 하염없이 돌아다니던 2016년부터 슬금슬금 작당을 시작했다. 오래도록 제주에서 고래를 연구할 수 있기를 바라며 만든, 더 나은 우리의 미래를 위한 공간이자 해양 동물 생태 연구와 보전을 목적으로 하는 연구 중심의 비영리단체 MARC의 시작이다.

돌고래를 좋아하세요?

우리는 어릴 때부터 코끼리, 호랑이, 펭귄 같은 동물과 함께 돌고래를 접한다. 책, 영화, 사진, 그림 등에서 만나는 돌고래는 똑똑하고 귀여운 동물, 우리의 상상력을 자극하는 완벽한 모습의 동물이다.

돌고래는 똑똑하고 귀여워 보이는 외모로 많은 사랑을 받아 왔지만, 사람들에게 잘 알려지지 않은 돌고래의 또 다른 매력을 알리고 싶다는 생각이 든 건 제주도 앞바다에서 직접 남방큰돌고래를 만나면서부터이다. 실제로 만났던 남방큰돌고래의 귀여운 모습이 잊히지 않는다. 특히 커다란 어미나 어른 돌고래 옆에서 퐁퐁 튀어나오는 새끼 돌고래는 서툰 움직임부터 아직 없어지지 않은 배냇주름까지 어찌나 사랑스럽던지. 성숙한 남방큰돌고래는 멋있고 놀랄 정도로 카리스마가 넘치는데, 때로는 어설픈 모습으로 웃음을 자아내기도 한다. 우리는 남방큰돌고래의 이러한 모습 외에도 혼자만 알고 있기엔 아까운 남방큰돌고래의 또 다른 모습, 직접 진행한 연구 결과, 전 세계 해양 포유류에 관한 재미있는 이야기 등 더 다양하고 더 많은 이야기를 알리고 싶었다.

우리는 왜 여기서 이렇게

많은 동물 중 연구 대상이 반드시 고래여야만 했던 건 아니다. 사실 고래를 연구하기 전까지는 한강 유람선 말고는 배를 타본 적도, 제주에 가본 적도 없었다. 어린 시절 '돌고래 쇼'를 본 기억이 흐릿하게 남아 있지만, 특별히 뚜렷하고 인상적으로 남은 것도 아니다. 그러나 어쩌다 시작하게 된 돌고래라는 동물의 생태를 들여다보는 일은 생각보다 꽤 잘 맞았고 기대보다 훨씬 재미있었다. 제주 바닷가에서 고래가 나타날 때까지 기다리거나 혹은 보일 때까지 몇 시간씩, 며칠씩 찾아다니다 발견하면 그때부터 좀체 볼 수 없었던 그들의 새로운 모습을 말 그대로 '질리도록' 볼 수 있다.

우리는 행동생태학을 기반으로 돌고래를 연구한다. 행동생태학이란 동물의 행동이 진화한 원인과 과정을 탐구하는 학문이다. 왜 이렇게 행동하는지, 어떤 점이 생존이나 번식에 유리한지, 개체나 집단이 주변의 환경적 요소나 생물적 요소와 어떻게 상호 작용하는지 그 관계를 연구하는 학문이다. 궁극적으로는 그 동물이 왜 이렇게 진화했는가라는 질문의 답을 찾아 나가는 과정이다. 행동생태학에서는 살아 있는 동물의 행동을 관찰하고 기록하는 것이 가장 기본적인 자료 수집 방법이다. 돌고래의 생태를 연구하는 우리는 돌고래를 관찰하고 기록해야 한다. 이 기본이 되는 데이터를 수집하기 위해 제주도 해안도로를 차로 달리며 수도 없이 한 생각이 있다. '우리는 왜 여기서 이렇게 돌고래를 쫓아다니고 있는 걸까?' 우리가 여기서 버티고 있는 여러 이유가 있지만 가장 큰 이유는 역시 이 동물의 매력 때문이다. 오랜 기다림 끝에 본 돌고래는 생각보다 크고, 강하고, 멋지면서도 짠한 매력이 있는 동물이었다. 물 위로 뛰어오르는 순간에 빛나는 근육, 거친 파도를 헤치며 다니는 체력, 커다란 물고기를 잡아 찢는 강력한 힘, 함께 사냥하는 협동 능력, 다른 개체의 새끼를 돌봐주는 관용에 감탄하다가도 상처를 입어 괴로워하는 모습이나 새끼를 잃고 슬퍼하는 모습에는 짠해지곤 했다. 공부하면 할수록 남방큰돌고래뿐만 아니라 전 세계의 고래류가 보이는 신기하고 흥미로운 일이 가득해서 현실적으로 맞닥뜨리는 여러 어려움에도 불구하고 이 일을 오래 계속하고 싶다.

 두 번째 이유는 '동료'이다. 돌고래를 쫓아다니며 관찰하고 기록하는 일은 혼자서는 진행할 수 없다. 사진을 찍으며 행동을 관찰하고, 운전하며 드론을 날리는 등 여러 작업을 동시에 진행할 때가 많아서이기도 하지만, 이 흥미로운 내용을 함께 이야기하고 무엇을 더 하면 좋을지 머리를 맞대고 후일을 계획할 수 있는 동료가 옆에 있다는 사실이 이 일을 계속하게 하는 원동력이 된다. 또한 이제는 '내가 재미있어 하는 것'이 다른 누군가에게 흥미로울 수 있다는 점을 깨닫고 있다. 그리고 우리의 연구와 행동생태학 지식을 아는 사람이 많아질수록 우리가 좋아하고 매력적이라 여기는 이 생물이 좀 더 오래도록, 잘 살아남을 가능성이 높아진다는 점 또한 생각한다.

그래서 우리는 일을 벌이고

돌고래 같은 해양 포유류는 대중이 원하는, 그리고 인간의 즐거움과 정치적 선전을 위해 만들어진 이미지로 포장될 때가 많다. 그러나 바다에는 진짜 고래가, 진짜 돌고래가 살고 있다. 우리의 목표는 '찐' 돌고래의 삶을 전달하는 것이다. 제주도 앞바다에서 만난 남방큰돌고래와 다른 지역의 남방큰돌고래, 그 밖의 다양한 돌고래의 삶에 관한 이야기를 들려주고 싶다. 도대체 돌고래 연구를 하려면 뭘 보는지, 연구는 어떻게 이루어지는지, 전 세계에서 그런 연구들이 어떻게 이루어지며 지금까지 알아낸 것은 무엇인지, 우리가 따라다니며 알게 된 돌고래의 삶은 어떠한 것이었는지 풀어보고자 한다. 돌고래의 진짜 모습, 다양한 이야기를 담아 담담하게 때로는 신나게 써 내려가보자 한다.

지금부터 이런 이야기를 풀어 갈 우리가 몸담은 MARC는 앞서 짧게 소개했듯 제주도에 서식하는 남방큰돌고래 개체군의 서식지 이용과 소리 행동, 방류 개체들의 지속적 모니터링 등의 연구를 수행하는 연구 중심의 비영리단체이다. 앞으로 우리 바다에 서식하는 다양한 해양 생물의 생태 및 보전과 관련된 연구를 꾸준히 진행하는 것이 목표이다. 그리고 이를 학술적 연구 결과물로 내놓는 것은 물론, 대중적으로도 더욱 이해를 넓혀 궁극적으로 이 아름다운 생물과 함께 살아갈 발판을 마련하는 데 도움이 되고자 한다. MARC의 연구와 활동, 그리고 이 책이 조금이라도 이 멋진 동물들이 있는 그대로 살아가는 데 기여할 수 있기를 바란다.

1장
고향 바다로 돌아간 돌고래들

STOP! 돌고래 쇼

풍랑주의보가 내린 어느 여름날, 파도가 몰아치는 바다 저 멀리 돌고래 무리가 지나가고 있었다. 쌍안경으로 보아야만 그나마 돌고래의 형체를 알아볼 수 있을 정도로 먼 거리였는데, 그 무리 중 한 마리가 수면 위로 높이 솟구쳐 올랐다. 제 몸길이의 족히 두 배는 될 것 같은 높이였다. "잘 뛰네!" 감탄하기 무섭게 돌고래는 거듭거듭 공중으로 뛰어오르더니 물살을 흩뿌리며 수면을 향해 떨어졌다. 브리칭breaching이라는 동작이다. 저 체력 좋은 녀석은 과연 누구일까 싶어 쌍안경을 내려놓고 망원렌즈를 이용해 사진을 찍었다. 그리고 사진을 확인하는 순간 환호할 수밖에 없었다. '제돌이'였다.

우리나라에서 처음 방류한 돌고래는 남방큰돌고래 세 마리로 '제돌이' '춘삼이' '삼팔이'이다. 2009년께 야생의 제주 바다에서 우연히 정치망에 잡힌 이 돌고래들은 불법으로 거래되어 수족관으로 팔려 갔다. 그리고 4년간 돌고래 쇼를 하며 수족관에서 생활했다. 귀여운 겉모습과 사육사의 지시를 정확히 수행하는 뛰어난 지능, 수미터 높이를 가뿐하게 뛰어오르는 놀라운 운동 능력으로 수족관에서 환호받는 인기 스타였다. 그러나 이 돌고래들은 야생의 바다에서 하루에 수십 킬로미터 이상을 이동

방류 직후 제돌이. 등지느러미에 동결 표식된 숫자 1이 선명하다.

하고, 싱싱한 물고기를 잡아먹으며 백여 마리의 동료와 부대끼며 살던 동물이었다.

    4년이나 지난 후에야 이 돌고래들이 불법으로 거래되었고, 이들의 고향이 제주 바다였다는 사실이 알려졌다. 당시 고래연구소(현 고래연구센터)에서 남방큰돌고래 개체를 기록하며 연구하던 김현우 박사는 퍼시픽랜드에서 공연하고 있던 돌고래 중 눈에 익은 개체들을 발견했다. 그리고 그들의 등지느러미를 데이터와 대조해 야생에서 관찰하던 돌고래들과 일치한다는 것을 확인했다. 현재도 허가 없이는 금지된 일이지만, 당시에도 과학적인 조사 목적 외에는 돌고래의 포획이 금지되어 있었다. 정치망에 혼획되어 불법으로 거래된 야생 남방큰돌고래 몇 마리가 바다로 돌아가지 못하고 인간의 즐거움을 위해 동원되고 있었다.

이후 서울시, 환경단체, 동물원, 연구자, 법률가 등 많은 이들의 지난한 노력에 힘입어 돌고래를 고향으로 돌려보낸다는 이 기념비적인 프로젝트의 첫발을 내디딜 수 있었다.

 수족관에서 사육되던 고래류를 야생 방류한다는 것은 단순히 바다에 풀어준다는 의미가 아니다. 사육되던 개체가 야생의 바다에서 고래의 삶을 온전히 살아가도록 돕는 일종의 재활 훈련까지 함께 이루어진다는 의미다. 재활 훈련을 하는 동안 야생에서의 생존 가능성은 물론 방류된 돌고래가 야생 개체군에 미칠 영향까지 다각도로 판단한다. 만일 방류하는 것이 적합하지 않다는 판단이 내려지면 방류는 취소되고 수족관으로 돌려보내질 수도 있다.

 인간의 수신호에 따라 냉동 생선을 받아먹으며 사방 십여 미터의 수족관에 머무르는 기간이 길어질수록 돌고래는 그 생활에 익숙해진다. 자연의 변화무쌍한 환경과 달리 항상 일정한 온도가 안정적으로 유지되며, 파도나 조류의 변화를 신경 쓸 필요도 없는 수족관에서 계절에 따라 달라지는 먹이를 어디에 가서 먹어야 하는지 기억할 필요도 없게 된다는 의미다. 다양한 물고기를 효율적으로 사냥하는 기술도 쓸모없게 되고, 경계해야 할 포식자도 없다. 수십 마리 이상의 다른 돌고래를 기억해 복잡한 사회적 교류를 할 필요 없이 수족관을 함께 사용하는 몇 마리와 제한된 교류만 한다. 수족관의 다른 돌고래와 잠시 떨어져 있고 싶어도 좁은 수족관에서 그런 여유 공간을 확보하기는 불가능하다. 혹여 수족관에서 새끼라도 낳는다면, 새끼는 야생에서 생존하기 위해 필요한 방대한 정보를 교육받지 못할 테고, 어미가 그런 교육을 할 만한 환경도 아니다.

그러니 돌고래가 수족관 환경에 머무는 시간이 길어질수록 단조로운 생활과 급격히 줄어든 운동량으로 야생에서 생존할 확률이 낮아진다. 나이를 먹어 체력이 떨어지고, 행여 질병이라도 얻게 된다면 더더욱 그렇다. 따라서 방류는 무엇보다도 돌고래가 야생에서 자력으로 생존할 수 있는지 파악하는 것이 핵심이므로 돌고래가 방류될 장소에 대한 환경 정보를 익히고 있는지, 즉 그 개체가 원래 살던 곳으로 돌아갈 수 있는지가 방류의 중요한 결정 기준 중 하나이다. 또한 돌고래는 사회성을 가지고 무리를 지어 생활하는 동물이므로 방류되었을 때 그 개체가 받아들여질 수 있는 동종의 개체군이 존재하는지도 중요하다. 2013년에 방류된 돌고래 세 마리는 대체로 4년여의 수족관 생활을 한 한창때의 돌고래들이었다. 너끈한 체력을 가졌고, 청소년기라 할 수 있는 아성체(새끼와 성체의 중간) 시기에 제주 바다의 환경 정보를 충분히 습득하고 있었을 터였다. 또한 제주 바다에는 이들의 가족과 친척, 친구로 구성된 남방큰돌고래 무리가 연중 연안에서 서식하고 있었다. 다시 바다로 돌아갈 수 있는 생존 능력만 담보된다면 충분히 시도해볼 만한 일이었다.

방류가 결정된 돌고래들의 야생 생존 능력을 다시 일깨우기 위해 2013년 4월부터 7월까지, 약 3개월간 방류 훈련이 이루어졌다. 이 과정에서 돌고래들은 점진적으로 제주 바다에 다시 익숙해질 수 있고, 연구자들은 이들이 충분한 생존 능력을 갖췄는지, 질병의 징후는 없는지 등을 판단할 수 있다. 방류 훈련은 크게 두 과정으로 나뉘어 진행되었다. 1차 방류 훈련지인 성산항의 가두리는 갑작스러운 환경 변화에 적응하도록 방파제 안쪽에 설치되었고, 2차 방류 훈련지인 김녕의 가두리는 야생의 남방큰돌고래들이 종종 오가는 해역에 설치되었다.

　방류 훈련 기간에 가장 중시했던 것은 돌고래가 사람과 거리를 두고 스스로 먹이 사냥법을 익히게 하는 것이었다. 몇 년간 수족관에서 두어 종류의 죽은 먹이만을 받아먹으며 극히 적은 운동량으로 생활하던 녀석들이 앞으로 쌩쌩한 활어를 직접 사냥해 먹이를 구해야 하기 때문이다. 가두리로 오기 전 수족관에서 시험 삼아 제돌이에게 활어를 급여했던 날, 제돌이는 살아 움직이는 고등어를 보고 놀라 멀찍감치 달아나기까지 했다. 그러던 돌고래들은 방류 훈련이 진행될수록 살아 있는 물고기 사냥에 익숙해지기 시작했다. 가두리는 지름이 30미터 정도로 수족관보다 조금 넓고 깊이는 10미터 정도이다. 돌고래들은 달아나는 물고기를 쫓아 사냥해야 하는데, 방류 훈련 초기에는 먹이가

돌고래들이 1차 훈련지인 성산항 가두리에서 적응 훈련을 받고 있다.

될 물고기를 잡을 체력이 부족해 연속되는 사냥을 힘들어했다. 물고기 한 마리를 따라가 간신히 사냥에 성공하면 30여 초를 쉬고, 다음 한 마리를 사냥한 후 또다시 30여 초 쉬기를 반복했다. 그럼에도 돌고래들은 시간이 지나며 점점 뛰어난 사냥꾼이 되어 갔다. 유영 자세를 수시로 바꿔 가며 쉼 없이 연속해서 물고기를 쫓고, 급정지와 급회전 동작도 자유자재로 구사했다. 심지어 사냥한 물고기를 바로 먹는 것이 아니라 진로를 막거나 던지고 노는 장난도 치게 되었다.

초기에 급여했던 먹이는 살아 있는 고등어와 전갱이로 제주도에 풍부하게 서식하며 제주 남방큰돌고래의 먹이가 되는 가장 대표적인 어종이다. 이 중 전갱이는 등지느러미 부분에 억센 가시가 있는데, 돌고래들이 처음 전갱이를 사냥할 때는 입안이 가시에 베인 상처로 가득했다. 그러나 시간이 지나며 입에 상처가 나지 않도록 요령 있게 먹는 방법을 터득했다. 전갱이와 고등어 사냥에 충분히 능숙해진 뒤부터는 제주도에서 잡히는 수십 종의 활어를 공급했다. 사람이 직접 먹이를 제공하는 것을 인지하면 사람에 대한 의존도가 높아지므로 돌고래들이 보지 못하도록 가림막을 치고 먹이를 제공해 돌고래들이 직접 먹이를 정하고 사냥할 수 있도록 했다.

다양한 물고기에 익숙해지면서 돌고래들은 가두리에 들어온 먹이 중 특정한 어종을 먼저 사냥한 후 다른 어종을 사냥하기 시작했다. 먹이에 대한 선호도가 생긴 것이다. 독이 강하지 않은 편인 거북복이 가두리의 그물망 사이로 들어온 적이 있었다. 돌고래들은 복어를 먹지 않았다. 다만 꼬리지느러미를 물고 다니다 흔들며 던지고 놀았는데, 세 마리의 돌고래가 충분히 놀이 행동을 한 뒤, 연구진은 죽지는 않았지만 지느러미가 너덜너덜해진 채 빈사 상태에 빠진 복어를 확인해야 했다. 돌고래들은 먹을 수 있는 것과 먹을 수 없는 어종을 구별했다. 긍정적인 변화였다.

돌고래마다 성격도 달라 보였다. 인간과 마찬가지로 동물도 개체마다 고유한 행동 양식을 보이는데, 이를 개성personality이라 한다. 고래류, 영장류, 코끼리, 말, 다양한 조류 등 수많은 동물에 개성이 있음이 확인되었다. 우리가 방류하려는 돌고래들도 그랬다. 삼팔이는 새로운 무엇이 등장하면 가장 먼저 접근해 건드려보는 개체였고, 춘삼이는 삼팔이가 노는 법을 근처에서 보고 있다가 더 요령 좋게 가지고 노는 개체였다. 제돌이는 대체로 춘삼이와 삼팔이가 가지고 놀다 흥미가 떨어진 것에 조심스레 다가가는 편이었다.

가두리에서 방류 훈련을 시작한 지 두 달여가 지난 초여름의 어느 날, 태풍과 조수간만 차로 인해 가두리 그물의 일부가 손상되었다. 바다 날씨가 거칠어 주기적으로 그물을 보수하던 다이버들도 물에 들어갈 수 없는 상황이었다. 이 틈을 타서 돌고래 몸보다 작은 그물 틈새로 삼팔이가 탈출했다. 바다의 최상위 포식자에 속하는 돌고래는 바다에서 무서울 게 없을 것 같아 보이지만, 익숙하지 않은 환경에서는 조심스럽게 움직인다. 제돌이와 춘삼이가 그물 틈새 주변을 얼쩡거리며 환경을 탐색하면서도 가두리 안에 머물던 것과는 달리 삼팔이는 틈새를 비집고 가두리를 벗어났다. 가두리에서 탈출한 삼팔이는 가두리 안에서는 볼 수 없었던 매우 길고 두꺼운 해조류를 등지느러미에 걸고 놀았다. 가두리에서 멀리 벗어나지는 않았지만 가두리 쪽에서 부르는 인간의 신호에는 반응하지 않았다. 인간에 대한 의존도가 낮아진 것이다. 삼팔이는 가두리 주변으로 서서히 활동 반경을 넓히다 항구 밖으로 벗어났다. 그리고 방류팀이 삼팔이의 탈출을 두고 대책을 고민하며 머리를 싸매는 동안 삼팔이는 야생의 남방큰돌고래 무리를 만나 그 무리에 합류해 함께 다녔다.

그래서 2차 훈련지인 김녕으로 옮겨갈 때는 제돌이와 춘삼이 두 마리뿐이었다. 이 둘은 바다 한복판에 있는 가두리에서 지내며 온전한 제주 바다에 한층 더 적응했다. 먹이로 넣어준 물고기와 그물 틈새로 가두리 밖에서 들어온 물고기들이 뒤섞여 떼를 지어 다녔다. 제돌이와 춘삼이는 한 달가량을 바다 한복판 가두리에서 지내며 파도를 맞았고, 그물을 사이에 두고 지나가는 돌고래 무리와 만나기도 했다.

2013년 7월 18일, 가두리 그물이 내려가고 두 돌고래는 가두리 안팎을 들락날락하다가 어느 순간 바다로 나아갔다. 한국 최초로 '쇼 돌고래'가 야생의 고향으로 돌아가는 순간이었다. 그러나 돌고래 방류는 돌고래가 스스로 생존해 나가는지, 원 개체군과 합류했는지 파악되어야만 성공 여부를 가릴 수 있다. 돌고래는 신중한 동물이다. 처음 가두리에 들어왔을 때도, 삼팔이가 탈출한 날에도, 제돌이와 춘삼이가 방류된 날에도 돌고래들은 무턱대고 움직이기보다 시간을 들여 주변 환경을 신중히 탐색하고 천천히 활동 영역을 넓혀 갔다. 방류 후 급격하게 살이 빠지지 않았는지도 확인해야 했다. 또한 방류 돌고래가 야생의 남방큰돌고래와 함께 있는 모습이 발견되었다 해도 바로 합류에 성공한 것이라 판단할 수는 없다. 무사히 야생의 무리에 합류했다고 볼 수 있으려면 무리와 함께 있는 모습이 지속적으로 관찰되는지, 얼마나 오래 함께 지내는지, 반복해서 다니는 개체가 있는

삼팔이가 1차 훈련지에서 탈출하여, 2차 훈련지 김녕에는 제돌이와 춘삼이만 옮겨 갔다. 2차 훈련 전 제돌이와 춘삼이의 등지느러미에는 동결 표식이 찍혔다. 춘삼이는 등지느러미가 꺾여 있어 숫자 2의 둥근 부분이 끊겨 있다.

지, 함께 다니면서 어떤 행동을 하는지 등을 지켜보며 최종 합류 여부를 판단해야 했다. 그 과정에서 인간에게 친근함을 보이며 접근하려 드는지 등도 확인해야 한다.

　이제 바다로 돌아간 남방큰돌고래 세 마리는 야생의 개체군과 무리를 이루어 다니며 대형을 짜서 물고기를 몰고 사냥한다. 때로는 소리를 지르고 꼬리로 수면을 때려 동료와 먹이 사냥 신호를 주고받거나, 물고기를 다 먹고 나서도 동료들을 위해 물고기 떼를 잡아 둘 수 있는 수준의 사냥 능력을 갖추었다. 예전에는 무서워하던 문어를 던지고 놀며 장난치는 여유도 생겼고, 같이 다니는 동료가 생겼으며, 짝짓기를 해 새끼를 낳아 기르고 있다. 비슷한 시기에 새끼를 낳은 다른 암컷 돌고래들과 함께 육아를 위한 무리를 이루기도 한다. 가끔 선박에 접근하여 선수파(배의 앞머리에 이는 파도)를 타기도 하지만 사람에게 의존하려는 모습은 전혀 보이지 않았다. 그렇게 바다로 나간 후로 쭈욱, 4년여의 수족관 생활 때문에 바다로 돌려보내기엔 위험부담이 있다는 초기의 기우가 무색할 만큼 건강하고 자유롭게 지내고 있다.

　돌고래 방류는 기념비적인 사건이었다. 그 순간을 함께하기 위해 많은 사람이 방류 행사장을 방문했고 수많은 기사가 뉴스를 장식했다. 그러나 방류의 전 과정을 통틀어 가장 인상적이었던 순간 중 하나는 돌고래들이 가두리를 나가던 그때가 아니라, 이후 거친 파도 사이에서 무리와 함께 이동하던 제돌이가 수차례 수면 위로 높이 뛰어오르던 바로 그 순간이었다. 제 고향에서 야생 돌고래로서의 삶을 온전히 되찾았다는 걸 확신할 수 있었던 순간의 장면이었다.

남방큰돌고래와 큰돌고래

돌고래 연구를 시작한 초반에는 수족관과 가두리에서 돌고래를 관찰했다. 돌고래를 연구한다고 했지만, 사실 '야생' 돌고래를 처음 본 것은 이미 돌고래 연구를 하겠다고 발을 들이밀고 난 후였다. 가두리에서 돌고래를 관찰하는 일이 끝나고 나면, 돌고래가 자주 목격된다는 지점에 가서 매일 한두 시간씩 바다를 보며 앉아 있었다. 매일 그렇게 바다를 바라보아도 돌고래가 보이지 않았다. 관찰하던 돌고래들을 야생으로 돌려보내기 한두 주 전부터는 야생의 돌고래를 보기 위해 차로 제주도 해안도로를 돌기 시작했다. 방류한 돌고래를 바다에서 찾아낼 수 있으려면, 바다에서 돌고래가 어떻게 보이는지 경험치를 쌓아 두어야 했다. 제주 해안가 모든 동네의 골목 구석구석을 확인하며 바다의 돌고래를 보기 위한 지점을 체크하던 중, 물살을 가르며 지나가던 한 어선의 뱃머리 쪽으로 무언가 시커멓고 작은 것이 훅 하고 지나갔다.

"돌고래다!"

연구 대상을 바다에서 처음으로 마주한 순간이었다. 남방큰돌고래의 학명은 투르시옵스 아둔쿠스*Tursiops aduncus*로 투르시옵스속屬으로 분류된 두 종種의 돌고래 중 하나다. 이빨고래류의 하위 분류군인 투르시옵스속에는 큰돌고래*Tursiops truncatus*와 남방큰돌고래, 단 두 종이 속해 있다. 사람보다 약간 더 큰 몸집, 회색 몸, 약간 흰빛을 띠는 배, 길지 않은 주둥이 등 우리가 돌고래를 떠올릴 때 연상하는 전형적인 외형을 가진 이 두 종의 돌고래는 크기도 외형도 매우 유사하다. 그 때문에 같은 종으로 착각하는 일도 드물지 않았으며, 학술적으로도 비교적 최근인 1999년

이후에야 명확하게 다른 종으로 판별되었다. 이런 분류학적 불확실성 때문에 과거에는 이 두 종이 명확하게 구별되지 않은 채 연구가 진행되기도 했다.

　우리나라에는 그간 큰돌고래로 보이는 돌고래가 목격된다는 기록은 있었으나 두 종을 특별히 구별하지 않았다. 그러다 2007년, 제주도 주변에서 상대적으로 주둥이가 길고 다소 가느다란 체형의 큰돌고래가 목격되었다는 보고가 당시 국립수산과학원 산하의 고래연구소를 통해 전해졌다. 그리고 2010년 김현우 박사의 연구를 통해 유전학, 골격학, 형태학적 특징을 종합해 제주 바다에 사는 종은 큰돌고래가 아니라 남방큰돌고래임이 확인되었다. 그렇게 남방큰돌고래라는 이름이 우리나라에 처음 등장했다.

　그렇다면 이 두 종은 어떻게 구별할까? 고래류는 같은 종이라고 해도 서식하는 지역에 따라 생태적 특징이나 외형적 특징이 달라지기도 한다. 큰돌고래의 경우, 이스라엘 개체군은 성체 몸길이가 약 2.7미터이지만, 스코틀랜드 개체군은 거의 4미터까지 자란다. 남방큰돌고래는 큰돌고래와 비교해 몸길이가 짧고 크기도 작은 편이지만, 몸길이나 크기만으로 두 종을 구별하기는 어렵다. 분포 지역도 겹치는 경우가 많다. 열대부터 온대 해역에 걸쳐 발견되는 두 종은 개체군에 따라 연안 가까이에서 생활하기도 하고 먼바다를 중심으로 생활하기도 한다. 그러니 마주친 사람들이 헷갈릴 법도 하다.

　고래류의 종을 구별할 때는 주로 두개골이 활용된다. 퇴화한 뒷다리뼈나 남아 있는 가슴지느러미뼈 등에서는 찾기 어려운 두 종의 차이가 두개골에서는 뚜렷이 드러나기 때문이다. 해

남방큰돌고래(위)는 큰돌고래(아래)보다 작고 늘씬한 체형이다. 주둥이도 더 가늘고 길다. 다 자란 성체의 배에는 검은 점무늬가 있는데, 이는 오직 남방큰돌고래에만 나타난다.

부학적으로는 두개골의 폭과 주둥이, 두개골을 이루는 각 부위의 길이나 비율을 활용해 종의 특성을 구별한다(척추뼈의 개수도 남방큰돌고래는 59~62개, 큰돌고래는 64~67개 정도로 차이가 난다). 하지만 실제로 바다에서 만난, 살아 있는 돌고래의 두개골을 확인할 수는 없는 노릇이다. 복잡한 해부학, 골격학적 특징을 아주 단순히 요약하면 다음과 같이 설명할 수 있다. 큰돌고래는 남방큰돌고래에 비해 머리 부분이 좀 더 넓적하고 주둥이는 조금 짧은 편이다. 길이도 남방큰돌고래보다 약간 더 길고 몸집도 더 두툼하다. 남방큰돌고래는 눈과 이마 사이를 잇는 진한 회색의 띠무늬가 선명하다. 또한 완전히 성숙한 남방큰돌고래의 배 부분에는 큰돌고래에는 나타나지 않는 검은색 점무늬가 있다.

우리나라에서 남방큰돌고래는 오직 제주도 연안에서만 찾

아볼 수 있다. 국립수산과학원 고래연구센터에 따르면 제주 연안의 남방큰돌고래는 2018년 기준 약 117마리가 있는 것으로 추정된다. 처음 남방큰돌고래 개체군의 숫자를 들었을 때, 개체군 내에서 반복적으로 짝짓기를 했을 경우 나타날 수 있는 유전적인 불리함을 생각한다면 인근 다른 해역에서 서식하는 개체군들과 교류하지 않을까, 하는 의문이 들었다. 일본에서는 남쪽에 서식하는 남방큰돌고래가 때로 일본 연안을 따라 북쪽으로 이동하는 일이 확인되었기 때문이다. 그러나 아직까지는 제주의 남방큰돌고래가 일본이나 대만 등 다른 지역의 남방큰돌고래와 교류, 왕래하는 것으로 보이는 증거는 관찰되지 않았다. 우리가 발견하지 못하는 것인지, 아니면 이 적은 숫자만으로도 개체군을 유지하는 것인지, 그렇다면 유전적인 다양성이 충분히 확보되고 있는지 등에 관한 연구가 필요할 것이다.

  김미연 연구원과 MARC를 결성하기 전 홀로 남방큰돌고래 연구에 뛰어든 시점이 대략 이즈음이었다. 제주 바다에 남방큰돌고래라는, 실제로 관찰할 수 있는 돌고래가 살더라, 주로 연안 가까이에서 일 년 내내 관찰되더라, 대략 110~120마리가 살고 있더라는 정도의 사실이 파악되어 있었다. 인간의 생활 환경과 전혀 다른, 바다라는 공간에 사는 동물에 대해서는 저만큼의 지식을 얻는 데도 오랜 시간과 많은 노력이 들어갔을 것이다. 그때는 좀 더 알고 싶었다. 대학에서 연구한 동물행동학적 관점에서 이 동물을 더 깊이 들여다보고 싶었다. 남방큰돌고래가 왜 여기에서 사는지, 서로 어떤 정보를 주고받는지, 왜 저런 행동을 하고 저런 소리를 내는지, 바다 환경이 나빠지면 가차 없이 제주 바다를 버리고 떠나버릴지, 하는 것들이 전부 궁금했다. 온갖 뉴

스와 책을 통해 알려진, 사람들이 흥미로워하고 신기해하는 고래와 돌고래에 관한 사실을 우리 바다에 사는 돌고래에도 적용할 수 있는지 알고 싶었다. 연구자로서 알고 있는 돌고래에 관한 모든 흥미로운 사실은 우리나라 앞바다가 아닌 다른 나라의 바다에 사는 돌고래를 바탕으로 이루어진 연구를 통해 익힌 것이다. 지역마다 다른 언어를 쓰고 다른 문화를 이루고 있다는 그 동물이 내가 가볼 수 있는 바다에 살고 있다는데, 왜 아무도 여태 그들을 들여다보지 않았을까.

외국에는 이미 30~40년 가까이 한 개체군을 관찰해 온 연구진이 수두룩하다. 수십 년의 관찰을 통해 자기네 앞바다에 몇 마리가 살고 있는지부터 개체들 하나하나를 파악하고 있다. 누가 누구의 새끼이고 형제자매인지, 언제 저 옆 동네로 이동했다가 언제 다시 돌아오는지, 서로 만나면 어떤 행동을 보이고 어떤 소리를 내는지를 낱낱이 파악한 연구자들은 이제 그 정보를 엮고 꿰어 고래류의 사회와 커뮤니케이션, 진화를 이해해 가고 있다. 오랫동안 끈기 있게 모아 온 자료로 만들어낸 결과물이다. 그들에 비해 시작이 뒤늦은 우리는 언제쯤 따라잡을 수 있을까. 소수의 동료와 오롯이 연구에 대부분의 시간을 바쳐 모아 온 야생 돌고래의 서식지, 개체 식별 자료, 돌고래의 소리와 흥미로운 행동 등의 자료는 이제 고작 5년 남짓 모였을 뿐이다. 바다를 떠나서는 생존할 수 없는 이 동물의 생태를 완벽하게 파악하는 건 상당히 까다로운 작업이다. 대부분의 경우 수면 위에서 흘긋 볼 수 있을 뿐이니 가끔 보이는 흥미로운 행동을 다시 확인하는 데만 수년이 걸리기도 한다. 그리고 그 과정에서 내가 풀지 못한 의문점은 여전히 많은데 시간이 지날수록 더욱 쌓여만 간다.

처음으로 돌고래를 본 순간을 떠올릴 때마다 매번 그 순간을 '마주했다'고 표현해 왔다. 정정한다. 그건 내 감상적인 바람이다. 솔직히 말하면 그것은 일방적으로 '목격'한 순간이었다. 지금까지도 돌고래를 보는 99퍼센트 이상의 시간은 돌고래를 일방적으로 목격하는 순간들이다. 돌고래는 누군가 자기네를 그토록 열심히 따라다니고 있다는 걸 모를 가능성이 크다. 그렇게 일방적일 수밖에 없을지라도, 오랜 시간이 지나도 돌고래들이 여전히 모르도록, 가능한 한 오래도록 돌고래를 지켜보고 싶다.

해양 포유류에게 서식지란

매일 돌고래를 찾아다니던 중에 이 주일가량 돌고래의 꽁무니조차 못 본 적이 있었다. 누군가 나에게 그렇게 오래 돌고래를 못 찾으면 어떤 기분이 드는지 물었다. 눈을 뽑아버리고 싶을 정도라고 대답했다. 과장 같겠지만 사실이다. 며칠 정도는 괜찮다. 제주는 넓고 한 방향으로 계속 이동하는 내 경로와 돌고래의 경로가 엇갈릴 수도 있으니까. 그런데 일주일, 열흘, 이 주일쯤 되면 눈앞으로 지나갔는데 내가 못 보고 지나친 건 아니었을까, 내 눈은 돌고래를 잘 찾지 못하는 눈인데 이 일을 한다고 뛰어든 건 아닐까 하는 자괴감이 밀려온다. 당연히 못 만날 수도 있다는 이성적인 사고보다 내 눈이 문제일 거라는 자책을 키우다 보면 눈을 뽑아버리고 싶다는 심리 상태가 된다. 제주도에서 일 년 내내 서식한다는 남방큰돌고래를 이렇게 찾는 것조차 어려운 이유는 무엇일까.

전 세계에는 80종이 넘는 고래류가 존재한다. 이 중 40여

종이 우리나라에서 발견되는 것으로 보고된다. 그렇다면 이 40여 종의 고래가 우리나라에 '서식'하는 고래들일까? 이 질문에 대답하려면 따져봐야 할 점이 있다. 일 년 내내 특정 지역에서 발견되는 종이 있다면 그 지역에 서식한다고 볼 수 있을 것이다. 하지만 특정 지역에서 일 년에 한두 번 발견되는 종은 어떨까? 일 년 중 한 달 정도만 발견된다면 우리는 이 종이 그 지역에 서식한다고 말할 수 있을까?

서식지는 생물이 살아가는 공간을 의미한다. 생태학적으로 조금 더 자세히 말하자면 서식지란 생물이 생존에 필요한 환경 조건을 충족시킬 수 있고, 서식하는 생물종에 이를 위한 자원을 제공하는 공간을 의미한다. 대체로 사람들은 생물의 서식지라고 하면 지리적 공간을 떠올린다. 산, 호수, 초원, 바다와 같은 자연의 공간 자체를 서식지와 동일시한다. 그러나 서식지는 자연지리적 공간에만 국한되지 않고, 생물이 살아가는 데 필요한

돌고래를 관찰하기에 더할 나위 없이 좋은 맑은 날, 고요한 제주 바다 위로 남방큰돌고래가 모습을 드러냈다.

물리적인 자원과 생물학적인 요인을 모두 포함한다. 먹이를 어떤 방식으로 찾는지, 다른 경쟁자는 얼마나 되는지에 따라 생물은 서식지를 이용하는 방식이 달라진다. 때로는 특정한 시기 혹은 특정한 시간대에만 형성되는 특정한 서식지와 같은 방식으로 나타나기도 한다.

남방큰돌고래는 전 세계 열대와 아열대 연안에 분포한다. 이 말은 전 세계의 바다에 남방큰돌고래가 발견되는 지역이 분포한다는 뜻이다. 남방큰돌고래의 서식지는 이 분포 지역 안에 포진하지만, 분포 지역이라고 해서 전 구간에 걸쳐 남방큰돌고래가 살고 있거나 발견되는 것은 아니다. 남방큰돌고래의 대표적인 서식지는 우리나라의 제주도, 일본의 미쿠라섬, 오스트레일리아의 저비스만Jervis Bay과 샤크만Shark Bay, 남아프리카공화국이나 케냐의 일부 연안 등이다. 이 지역들에 서식하는 남방큰돌고래는 다른 지역으로 멀리 이동하지 않고 이 지역의 일정한 공간에서 일 년 내내 머물러 산다.

국가명이나 지역명처럼 지리적 구분의 기능을 하는 명칭을 떠나 바다라는 삼차원 공간을 떠올려보자. 남방큰돌고래는 대체로 바다라는 공간의 수심 30미터, 깊어야 50미터 이내의 구간을 벗어나지 않는 범위에서 서식한다. 때로 수심이 좀 더 깊은 곳으로 가기도 하지만 깊은 곳에서 며칠, 몇 주, 몇 달을 보내기보다는 금세 수심이 적당한 지역으로 돌아온다. 이런 이유로 남방큰돌고래는 비교적 수심이 얕은 연안 지역에 서식한다고 말할 수 있다.

제주도 연안이 남방큰돌고래의 서식지라고 하는 설명은 제주도 연안 어디에서든 돌고래를 볼 수 있다는 뜻으로 해석될 수도 있다. 그러나 남방큰돌고래가 제주도 연안 지역 전체를 동일한 방식으로 사용하지는 않는다. 예컨대 나의 일상생활이 주로 집, 동네 전통시장, 직장, 직장 주변 단골 식당의 반경 내에서 이뤄진다고 하더라도 이 모든 장소를 동일한 시간과 빈도로 이용하지 않으며 그 장소들로 이동하는 경로 역시 매번 동일하지 않은 것과 같다. 남방큰돌고래도 제주도 연안 중에서 좀 더 잘 이용하는 지역과 그렇지 않은 지역이 있다. 돌고래 목격담이 자주 들려오는 제주 남서부와 북동부의 몇몇 구간들이 바로 남방큰돌고래가 좀 더 잘 이용하는 지역이다. 제주도라는 넓은 서식지 안에서도 중요한 서식지인 셈이다. 그리고 이러한 지역을 결정하는 중요한 요인이 바로 물리적이고 생물학적인 요소이다. 먹이는 얼마나 충분한지, 시기와 장소에 따라 먹이가 되는 어종이 어떻게 바뀌는지, 포식자가 존재하는 시기가 있는지, 포식자 이외의 위협 요소가 있는지, 위협에 대처할 수 있는 공간을 제공하는지, 환경은 안정적인지, 수질 오염 같은 환경 조건의 갑작스러운 변화가 나타나지는 않는지 등이 고려된다. 그리고 이러한 요소들이 복합적으로 작용하여 더 적극적으로 이용하는 지역과 그렇지 않은 지역으로 나뉘는 것이다.

그렇다면 한 지역에 정착해서 서식하지 않는 혹등고래를 생각해보자. 남반구와 북반구에 모두 분포하는 혹등고래는 대체로 추운 고위도 지방에서 여름을 난다. 겨울이 되면 열대나 아열대 지역으로 이동하여 새끼를 낳아 키우고 여름에 다시 고위도 지방으로 이동한다. 이렇게 계절을 주기로 먼 거리를 이동하는 것을 '이주'migration라고 한다. 이때 혹등고래의 서식지는 계절별로 혹등고래 개체군이 사용하는 번식지와 섭식지를 모두 아우른다. 예를 들어, 남반구의 혹등고래는 대체로 7월과 8월에, 북반구의 혹등고래는 대체로 1월과 2월에 새끼를 낳는다. 새끼는 따뜻한 저위도 지역에서 낳아 기르며, 먹이를 먹기 위해서는 고위도 지역으로 이동한다. 북반구에 분포하는 혹등고래의 일부 개체군은 알래스카 지역에서 먹이를 먹으며 번식을 준비하고, 겨울에는 하와이나 멕시코의 캘리포니아만으로 이동하여 새끼를 낳아 키우는데 이 지역 모두를 서식지라 할 수 있다. 혹등고래 중 번식지와 섭식지가 가장 멀리 떨어져 있는 경우 그 거리가 약 9800킬로미터나 된다. 이처럼 서식지의 범위가 대단히 광활한 경우, 엄밀히 말해 이동 경로에 해당하는 구간에서는 머무르거나 서식한다고 볼 수 없다. 하지만 해마다 규칙적으로 동일한 경로를 이용한다는 점에서는 생태적으로 중요한 공간이다. 혹등고래처럼 이주로 인해 서식지의 범위가 매우 광범위해지는 현상은 철새를 생각하면 쉽게 이해할 수 있다. 철새들이 특정한 계절에

성체의 몸길이가 12~17미터에 이르는 혹등고래는 섭식지와 번식지를 오가며 이주하는데 그 거리가 약 9800킬로미터에 이른다.
ⓒ Christopher Michel. cc-by-2.0. https://tinyurl.com/2zrwzmm7

머물러 지내는 지역이 있는가 하면 그 지역을 왕복하기 위해 매년 특정 시기에 경유하는 지역이 있는 것과 마찬가지다. 그러나 남방큰돌고래는 계절에 따라 이주하지는 않는다. 제주라는 넓은 서식지를 일 년 내내 사용하며 그중 제주 남서부와 북동부에서 조금 더 자주 발견된다는 점은 혹등고래처럼 이주를 하는 고래류와는 다른 점이다.

상괭이는 이주가 아닌 '계절성 이동'seasonal movement을 한다고 알려진 고래다. 계절성 이동은 철새처럼 계절에 따라 섭식지와 번식지를 오가는 이주를 하는 것과는 달리 일정한 공간 내에서 계절에 따라 좀 더 선호하는 구역을 오가는 패턴을 말한다. 상괭이의 계절성 이동은 혹등고래의 이주에 비하면 이동 거리가 짧지만, 남방큰돌고래 같은 정주성 개체군의 서식 영역보다는 넓은 범위에서 이루어진다. 그리고 상괭이는 혹등고래처럼 특정한 공간을 특정한 시기에 특정한 방식으로 활용하지 않고 좀 더 유연하게 활용하는 것으로 나타난다.

계절성 이동은 주로 먹이의 이동에 따라 이뤄지며, 넓은 서식지 범위에서 선호하는 구간을 더욱 많이 이용하기 때문인데, 이러한 계절성 이동의 사례로는 미국 중부 대서양 연안의 큰돌고래가 있다. 이 큰돌고래 개체군은 조지아주에서 버지니아주에 걸쳐 서식하는데, 겨울에는 특히 다른 지역보다 노스캐롤라이나주 인근에서 주로 발견된다. 이 돌고래들은 번식을 위해 노스캐롤라이나로 이동하는 것이 아니다. 이 돌고래들의 출산과 양육은 서식지에 해당하는 조지아주에서 버지니아주에 걸쳐 두루 관찰된다. 다만 매년 겨울에는 노스캐롤라이나주 인근에서 발견되는 개체의 숫자나 빈도가 상대적으로 많아질 뿐이다. 한국에 서식하는 상괭이 또한 계절성 이동을 하는 종이다 보니, 특정 계절에 몇몇 지역에서 훨씬 많은 수의 개체가 자주 목격된다. 그러고는 계절이 바뀌면 언제 그랬냐는 듯 거의 발견되지 않기도 한다. 하지만 이러한 연구는 주로 일본과 중국에서 연구된 것으로, 한국에 서식하는 상괭이에 관한 연구는 아직 미흡하다(그리고 우리는 이 연구를 매우! 매우!! 해보고 싶다).

고래류의 서식지를 파악하는 일은 고래(혹은 돌고래)를 찾는 일에서 시작된다. 일단 찾고 나면 발견한 고래를 따라다니면서 이동 장소와 행동을 기록한다. 어떤 개체가 어느 시기에 어느 장소에서 어떤 행동을 하고 있는지를 파악하기 위해서이다. 이러한 정보들이야말로 한 종을, 한 개체군을 보전하는 데 필수인 정

남해안으로 상괭이 조사를 나갔을 때 드론으로 촬영한 영상을 캡처한 화면이다. 상괭이는 10마리 내외의 작은 무리를 이룬다. 가끔 수십 마리의 군집이 발견되는데, 그 경우는 대체로 먹이가 풍부한 지역에 여러 무리가 모여든 경우다.

보이다. 동물은 서식지와 분리하여 생각할 수 없다. 야생에서 종과 개체군의 생존과 유지는 서식지라는 공간에서 일어나는 다양한 요소의 시간적이고 공간적인 변화를 모두 포함할 때 온전히 가능하다.

 인간이 개발이라는 명목으로 그 공간에 서식하던 수많은 동식물을 대체 서식지로 옮겼을 때 대부분 실패하는 이유가 그 때문이다. 인간이 아무리 심사숙고해 제공한 환경이라도 이들이 서식지로 삼기에는 충분히 감안하지 못한 요소가 분명 있기 때문이다. 해양 포유류의 경우는 더욱 그렇다. 우리는 바다를 막연히 넓고 무한한 공간으로 생각하지만 그들에게는 다양한 조건과 제약을 가진 공간일 수 있다. 한 지역이 망가져도 망망대해의 다른 지역으로 이동하면 되겠거니 생각할 수 있지만, 그들에게는 오랜 시간 적응해서 정보를 습득하며 대대로 살아온 터전이다. 나이 든 개체들이 환경과 변화에 대한 정보를 가지고 있는 공간이다. 갑작스럽게 바뀐 공간으로 밀려나 새로운 환경에 적응해야 하는 생물은 기존 정보를 하나도 활용할 수 없는 상황에 부닥치거나 예상치 못한 새로운 경쟁자나 포식자를 만나기도 한다. 운 좋게 살아남는 개체가 있을지 몰라도 생존경쟁을 하며 새로이 서식지를 만드는 것은 어려울 수밖에 없다. 최근 해양보호구역과 관련하여 해양 포유류에 대해서는 해양 포유류가 이동하는 지역을 따라 '이동 가능한 해양보호구역'을 설치해야 할 필요가 있다는 목소리가 나오는 이유이다.

 남방큰돌고래 이야기로 돌아가보자. 제주도 연안은 인간의 활동이 활발한 지역이기도 하다. 해수욕장과 레저스포츠 공간으로 활용되고, 낚시와 어업이 이뤄지고, 항구가 조성되고 해상 풍력발전 단지가 들어선다. 바다를 이용하는 선박은 끊임없이 늘어난다. 최근에는 기후변화로 인해 수온과 생물종의 조성도 변화하고 있다. 어떤 사람들은 인간의 필요에 의한 변화는 어쩔 수 없는 것이고, 바다는 끝없이 넓으니 돌고래가 알아서 피해 인간처럼 이사를 갈 것이라고 쉽게 말하기도 한다. 그러나 제주의 남방큰돌고래에게는 이 공간이 마지막 터전이다. 마음이 내킨다고 수백 수천 미터의 깊고 넓은 바다를 건너 다른 해역으로 옮겨 별일 아닌 듯 서식지를 다시 정해 정착할 수는 없다.

화재로 전소된 숲 한가운데서 망연자실 앉아 있다 구조된 오랑우탄의 사진을 본 적이 있다. 숲에서 사는 생물에게 숲이라는 서식지가 사라진다면 멸종 위기가 닥칠 수도 있다. 해양 생물도 그렇다. 바다는 단순히 바닷물로 채워진 공간이 아니다. 숲이나 인간의 삶터와 마찬가지로 다양한 환경과 생물이 복잡하게 뒤얽혀 살아가는 공간이다. 인간이 바다를 사용하는 비중이 커질수록 고래와 돌고래는 서식지에서 내몰릴 것이다. 오늘날에도 해양 개발은 과거처럼 경제 논리를 앞세워 추진되지만, 생태계의 복잡성과 기후위기가 보내는 경고에 우리는 더욱 세심히 귀 기울여야 하지 않을까.

2장
MARC가 만난 돌고래, 돌고래 과학

꼬리 없는 돌고래 '오래'

2019년 6월 중순 어느 날, "꼬리가 잘린 돌고래가 있네요. 혹시 이 돌고래를 아세요?"라는 문자와 함께 영상이 도착했다. 영상 속 돌고래는 요트에 붙어 선수파를 타고 있었다. 영상을 자세히 들여다보니 다 자랐다기에는 몸집이 작은 돌고래였고 꼬리가 없이 꼬리자루만 남아 있었다. 우리는 핫핑크돌핀스 활동가와 함께 며칠 동안 발견 지역 근처의 해안도로에서 이 개체를 찾아 헤맸지만 결국 발견하지 못했다. 그리고 2015년과 2016년에 제주에서 나타났던 유사한 사례들과 해외 전문가들의 피드백을 토대로 그 돌고래는 생존하지 못하고 이미 죽었거나 오래가지 않아 죽을 것이라 확신했다.

약 두 달 후 우리의 추측은 보기 좋게 빗나갔다. 우리는 서귀포 대정읍 주변에서 영상 속 꼬리 없는 돌고래를 발견했고, 이 돌고래가 오래 살기를 바라는 뜻을 담아 '오래'라는 이름을 지어주었다. 왜 많은 전문가와 우리는 꼬리 없는 돌고래가 야생에서 살아남기 어렵다고 예상했을까? 돌고래는 몸의 뒷부분 3분의 1을 사용해 추진력을 낸다. 그 추진력의 대부분이 유연하게 움직이는 꼬리에서 나온다. 추진력뿐만이 아니다. 돌고래는 물속에서 꼬리를 사용해 끊임없이 움직인다. 꼬리는 호흡을 위해 수면으로 올라올 때 더 중요하다. 이런 사실들에 비추어 '오래'처럼 꼬리가 절단된 개체는 야생에서 살아남기 힘들 거라는 견해가 지배적이다.

처음 영상으로 보았을 때, '오래'는 요트 옆에서 선수파를 타며 곧잘 유영하고 있었다. 그러나 꼬리 없는 돌고래 중 가장 유명한 미국의 '윈터'Winter나 일본의 '후지'Fuji에 관한 연구를 참조해보면 꼬리에 큰 상처를 입은 돌고래는 몸을 좌우로 움직여 유영할 수는 있으나 빠른 속력을 내지는 못한다.

'윈터'는 2005년 겨울 어느 날, 미국 플로리다주 모스키토 석호Mosquito Lagoon에서 발견될 당시 꽃게잡이 그물에 온몸이 감긴 상태였다. 태어난 지 두 달가량밖에 되지 않은 새끼였는데 온몸이 상처투성이였고 구조 후 지속적인 치료에도 괴사가 멈추지

오래(가운데 아래)가 돌고래 무리와 함께 헤엄치고 있다. 꼬리가 잘려 꼬리자루만 남은 형태가 선명하게 보인다.

않아 꼬리를 절단할 수밖에 없었다. 윈터는 꼬리가 절단된 후 온몸을 좌우로 움직여 유영하는 법을 터득했다. 연구진은 그러한 부자연스런 유영 방식이 돌고래에 안 좋은 영향을 줄 것이라 예상했다. 돌고래가 추진력을 내는 데 사용하는 몸통 뒤쪽은 위아래로 움직이는 꼬리 운동을 지지해주는 근육과 뼈로 구성되어 있다. 그런데 이 부위가 좌우로 움직이게 되면 움직임이 부자연스러울 뿐 아니라 뼈가 기형이 되거나 근육이 변형되어 통증을 유발할 수 있다. 윈터는 그런 어려움을 겪는 모습을 고스란히 보여주었다. 이후 윈터가 좀 더 건강하고 나은 생활을 할 수 있도록 의료진과 보철 전문가가 모여 윈터에게 꼭 맞는 인공 꼬리를 제작해주기도 했지만, 결국 윈터는 장에 이상이 생겨 2021년 11월 11일 죽음에 이른다.

일본 오키나와의 츠라우미 수족관Churaumi Aquarium에서 살았던 '후지'는 윈터보다 더 일찍 고무로 만든 인공 꼬리를 달았던 돌고래다. 후지는 30세로 추정되는 해에 원인을 알 수 없는 병으로 꼬리가 괴사하기 시작했고 결국 꼬리의 약 75퍼센트를 절단하게 되었다. 후지는 꼬리가 절단되고 나서도 몸통을 좌우로 흔들며 곧잘 유영을 했고 점프까지 하며 수족관에서 지내는 데 문제가 없어 보였다. 하지만 유영 속도가 느리고 몸의 움직임이 달라져서인지 점차 주변 돌고래들과 어울리지 못했다. 후지는 삶의 의욕을 잃은 듯 서서히 움직임이 줄어들었고, 살이 찌고 콜레스테롤 수치가 올라가는 등 몸과 마음 모두 건강에 문제가 생긴 것으로 보였다. 일본의 연구진과 재활 전문가들은 후지에게 재활 치료와 함께 고무로 된 인공 꼬리를 만들어주었다. 그렇게 새로 생긴 꼬리를 달고 후지는 새로 유영하는 방식을 터득했고, 다시금 수족관의 다른 돌고래와 함께 생활할 수 있었다.

돌고래는 일반적으로 꼬리를 위아래로 움직여 추진력을 낸다. 그러나 오래, 윈터, 후지처럼 꼬리를 잃은 돌고래는 일반적인 방식으로 움직이지 못하니 몸의 구조와 맞지 않는 움직임을 계속해야만 한다. 그러다 보면 몸에 무리가 생겨 먹이를 먹거나 다른 개체를 따라 이동하는 것에 어려움을 느낄 수 있기에 생존 가능성을 희박하게 보는 것이다. 더구나 후지나 윈터처럼 수족관에서 지낸 개체와 달리 오래는 거친 야생에서 몸을 좌우로 움직이는 유영 방법을 홀로 익혀야 한다. 그런 부자연스러운 유영 방식으로 움직이는 먹이를 사냥할 수 있을까? 좌우로 움직이는 유영법을 지속할 때 압력을 받는 척추와 근육이 얼마나 버틸 수 있을까? 오래가 발견되었을 당시 그 주변에 다른 돌고래들이 보이지 않았는데, 오래 또한 후지처럼 다른 돌고래와 어울리지 못하는 건 아닌지 걱정이 앞섰다. 만약 그렇다면 다른 돌고래의 도움 없이 혼자 먹이 사냥을 하며 야생에서 살아남을 수 있을까? 우려는 한두 가지가 아니었다. 오래는 첫 발견 후 많은 걱정과 질문을 남겨 둔 채 우리의 눈앞에서 사라졌으니 비관적으로 판단할 수밖에 없었다.

영상을 보며 실제로 만나긴 어려울 거라 체념하고 있었는데, 그 여름이 가기도 전에 우리는 오래를 만났다. 돌고래 무리를 관찰하던 드론 모니터에 꼬리 없는 돌고래가 나타나던 순간, 복잡하게 들뜨고 아팠던 마음이 아직도 생생하다. 몸을 좌우로 흔들어 유영하고, 숨을 쉬기 위해 수면 위로 올라왔다가 온몸을 뒤틀어 다시 물속으로 들어가는 오래의 움직임은 무척이나 힘에 겨워 보였다. 하지만 안타까움은 잠시 제쳐 두고 우리의 우려 섞인 예상과 달리 살아 있는 오래를 발견했으니 우선 건강 상태와 행동부터 눈여겨 관찰하기 시작했다. 오래가 발견된 지역을 모니터링하면서 오래가 이 지역에 다시 나타날 때를 대비해 영상을 찍었다. 이날 찍은 영상을 면밀히 살펴보면서 우리는 오래를 다시 발견하기 전에 가졌던 우려와 의문을 다소나마 해결할 수 있었다.

오래의 움직임은 예측한 대로였다. 물속에서는 몸을 좌우로 흔들며 유영을 하다가 수면 위로 올라와 숨을 쉰 후에는 몸을 왼쪽으로 뒤틀어 물속으로 들어간다. 이런 움직임 때문에 다른 돌고래보다 수면 위에서 만들어지는 물보라가 많았고, 재입수하는 동작도 요란해 나중에는 드론 없이 육지에서도 오래를 쉽게 알아볼 수 있었다. 유영 속도나 무리 생활에 대한 추측도 크게 빗나가지 않았다. 크고 작은 무리 주변에서 오래가 발견되면 어김없이 그 무리는 천천히 움직이고 있는 무리였다. 하지만 그 무리가 갑자기 빠르게 움직이기 시작하면 오래는 뒤처지다가 나중엔 결국 무리에서 떨어졌다. 때로는 혼자 유영하는 오래를 발견하기도 했다. 우리는 이런 관찰을 토대로 오래의 움직임으로는 야생 남방큰돌고래의 빠른 이동 속도를 따라가기에 다소 어려움이 있으며, 무리와 함께 지속적으로 이동하며 이전처럼 생활하기엔 힘들다는 결론을 내렸다.

긍정적으로 보이는 면도 있었다. 오래가 충분한 먹이 활동을 하고 있으며 건강 상태가 나빠 보이지 않는다는 점이었다. 오래를 처음 발견했을 때부터 우리는 상공에 드론을 띄워 오래의 몸을 기록했다. 몸길이 대비 몸의 면적을 계산하여 살이 얼마나 빠졌는가를 추정했다. 비교 결과 오래는 2019년 내내 몸의 비율이 크게 변화하지 않았다. 오래는 다른 돌고래에 비해 불필요한 움직임이 많고, 움직일 때도 더 많은 에너지를 사용한다. 만약 오래가 먹이 활동을 하지 못했거나 먹이 섭취량이 생존에 필요한 양에 미치지 못했다면 급격히 살이 빠졌을 텐데, 다행히 오래는 몸집을 유지하고 있는 것으로 보였다. 그렇게 관찰을 지속하던 11월 초에는 먹이를 입에 물고 올라와 던진 후 다시 잡아먹는 행동이 포착되기도 했다. 오래는 꼬리를 잃은 채로 야생에 적응해 살아가고 있었다.

2019년 제주도 필드 연구 시즌이 끝날 때까지 오래는 제주도 앞바다에서 여러 번 발견되었다. 겨울을 잘 버텨낼 수 있을지 의문이긴 했지만, 우리가 오래에게 해줄 수 있는 가장 좋은 행동

무리의 맨 뒤에서 오래가 이동하고 있다.

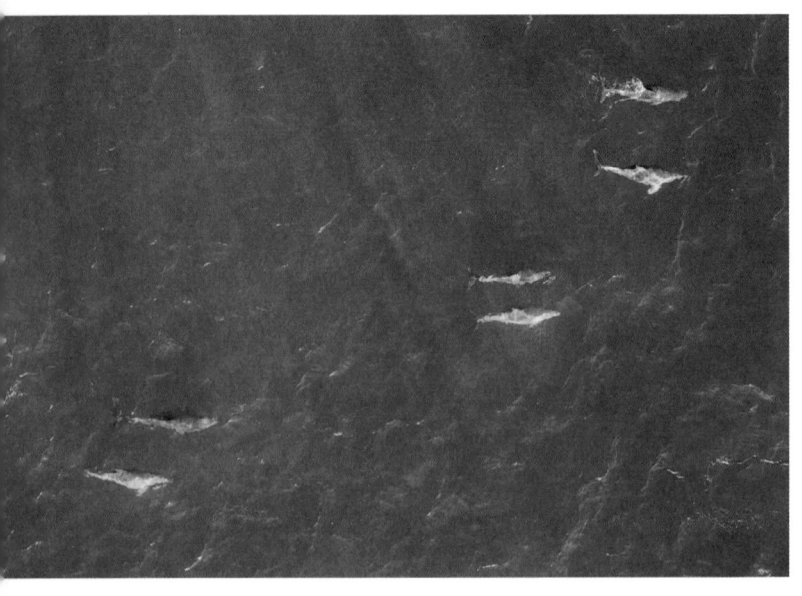

은 지켜보는 것이었기에 내년 조사에서 다시 만날 수 있기를 바랄 수밖에 없었다. 그후 2020년 조사를 시작하고 얼마 지나지 않아 무리에서 다른 돌고래와 함께 생활하고 있는 오래를 만날 수 있었다. 그새 새로운 유영 스타일에 한결 익숙해진 듯 움직임이 매끄러웠다. 숨을 쉬기 위해 물 위로 올라왔다 내려갈 때도 격렬한 움직임이 줄어들었고 물보라도 거의 튀지 않았다. 혼자 나타나기보다는 대체로 다른 돌고래들과 무리 지어 발견되었다. 드론으로 촬영한 영상을 분석해 보아도 건강상 큰 문제는 없어 보였다. 오래는 아마도 꼬리 없는 야생 돌고래의 삶에 조금 더 적응한 듯 보였다. 그렇게 2020년도 큰 사고 없이 지나갔다. 2021년부터 2022년까지 오래는 돌고래 무리와 함께 빠르게 움직이고 사회활동도 하는 등 건강한 모습을 보여주었다. 우리의 예측을 보기 좋게 비껴간 오래는 2023년 현재도 제주도 앞바다에서 발견된다.

 오래가 무사히 지내고 있다는 사실을 확신하고 안도할 무렵 꼬리에 낚싯줄이 엉켜 길게 늘어뜨린 채 다니는 남방큰돌고래 새끼 한 마리를 발견했다. 만나는 횟수가 거듭될수록 낚싯줄이 새끼 돌고래의 꼬리에 점점 더 깊이 파고들어 상처가 깊어지고 있었고, 유영 중 매끄럽지 않은 움직임이 늘어나는 모습을 실시간으로 지켜보면서 오래의 회복이 얼마나 귀하고 다행스러운 일인지 다시금 실감했다. 우리에게 오래는 해양쓰레기의 위험성을 알려주는 존재이자 심각한 장애를 갖게 된 돌고래가 신체적으로, 사회적으로 어떻게 다시 회복해 나가는지를 보여주는 연구 대상이다. 오래는 우리로 하여금 안타까움과 대견함을 느끼게 하는 동시에 야생동물의 강인함도 새삼 일깨워주었다. 이런 오래가 많은 사람에게 희망을 주는 존재가 되기를, 오래를 오래 도록 바다에서 만날 수 있기를 바란다.

돌고래의 소리를 듣다

음향을 이용한 돌고래의 의사소통acoustic communication을 연구하고 싶다는 큰 꿈을 꾸며 제주도에 첫발을 디뎠는데, 결론을 먼저 이야기하자면 아직 의사소통 연구를 시작하지 못했다. 그러나 '휘슬'whistle을 비롯한 남방큰돌고래의 음향 특성에 관한 연구를 시작으로, 차근차근 연구를 진행하고 확장해 나가고 있다.

돌고래는 물속 공간에서 주변 환경을 인지하고 서로 소통하기 위해 소리를 가장 많이 사용한다. 빛과 소리는 물속 환경에 들어오는 순간 공기 중에서와는 다르게 움직인다. 햇빛은 해수면에 닿는 순간부터 물에 흡수되기 시작해 수심 약 10미터까지 내려가면 가시광선을 구성하던 에너지의 50퍼센트가 물에 흡수된다. 수심 40미터 깊이를 넘어서면 가시광선 중 빨간색을 띠는 영역은 거의 모두 흡수되고 파란색과 초록색만 남는다. 수심 100미터를 넘어서면 파란색만 보이며 약 1퍼센트의 에너지만 남게 된다. 해가 떠 있는 낮에도 돌고래가 서식하는 바닷속은 온갖 부유물로 시야가 탁하다. 소리는 어떨까? 돌고래는 햇빛에 의존할 수 없는 밤에도 활동한다. 소리는 공기 중에서보다 바닷물에서 약 4.5배 빠르게 전달되며 더 멀리까지 전달된다. 이런 이유로 돌고래는 빛보다 소리에 더 많이 의존해 소통하며 주변 환경을 인지하도록 진화했다.

돌고래는 여러 가지 소리를 사용하여 서로 소통한다. 가장 잘 알려진 소리가 '휘슬'이다. 인간의 귀에 휘파람 소리처럼 들리는 휘슬은 돌고래가 소통을 위해 사용하는 대표적인 소리다. 돌고래가 만들어낼 수 있는 휘슬은 굉장히 다양하다. 소리의 파동 형태로만 보아도 상승형, 하강형, 사인 그래프형, U자형, 파도형, 납작형과 다중형 등 여러 가지로 나타난다. 이렇게 다양한 휘슬은 기능에 따라 크게 두 가지로 구별된다.

하나는 '커뮤니케이션 휘슬'로 의사소통을 위해 사용되며 한 마리의 개체가 다양한 종류의 휘슬을 사용한다. 다른 하나는 '시그니처 휘슬'로 마치 인간의 이름처럼 개체마다 고유하다. 시그니처 휘슬은 출생 후 약 일 년이 지나면 고유한 형태로 완전하게 발달하여 고정되며 시간이 지나도 거의 변화하지 않는 것이 특징이다. 돌고래는 이 시그니처 휘슬을 이용하여 서로를 구별할 수 있다. 인간이 서로의 이름을 부르는 것과 달리 돌고래는 자신의 시그니처 휘슬을 자기가 가장 많이 사용한다. 일반적으로 한 마리의 돌고래가 만들어내는 휘슬을 모두 녹음해 들어보면 해당 개체의 시그니처 휘슬이 80~90퍼센트를 차지한다. 돌고래는 자기 이름을 가장 많이 부르는 셈이며, 간혹 다른 개체의 시그니처 휘슬을 기억하고 있다가 따라 하기도 한다.

돌고래의 소리는 크게 휘슬음과 클릭음 두 가지로 나눌 수 있다. 클릭음은 문자 그대로 딸깍거리는 음이 일정하게 아주 짧은 간격으로 연속해 나타나는 소리다. 하나의 클릭은 낮은 주파수 영역에서 시작해 인간이 듣지 못하는 고주파 영역까지 폭넓게 걸쳐 있는데, 인간은 낮은 주파수 영역의 일부 구간만 들을 수 있다. 또한 연속되는 클릭음 사이의 간격은 수밀리초ms(1초=100밀리초) 정도로 인간이 인지하기 힘든 경우가 많다. 클릭음은 여러 방식으로 사용되며 형태도 다양하다. 한 마리 이상의 돌고래들이 의사소통을 하기 위해 사용하기도 하고, 주변 환경을 인지하기 위해 사용하기도 한다. 이 중 주변 환경을 인지하기 위해 사용하는 소리를 '반향정위 클릭음'이라 한다. 반향정위 echolocation는, 소리가 어떤 물체에 부딪혀 되돌아오는 음파의 반향을 이용하여 그 물체의 위치, 크기 등의 정보를 얻는 것을 뜻한다. 반향정위를 이용하는 이빨고래류와 마찬가지로 남방큰돌고래도 반향정위 클릭음을 이용해 수중 환경을 인식하고 먹이 사냥도 한다. 반향정위 클릭음은 일련의 클릭들이 연속해 이뤄진 구조이지만 소리가 사물에 부딪혀 돌아올 때의 정보를 이용하므로 일반적인 클릭음과 달리 클릭 사이의 간격 Inter-Click-Interval(ICI)이 긴 편이다.

돌고래류가 바다에서 반향정위 클릭음으로 어떤 정보를 얼마나 많이 얻는지 아직까지 명확하게 밝혀지지는 않았다. 다만 많은 연구를 통해 돌고래가 반향정위 클릭음을 사용해 정확하고 뛰어난 정보를 지속적으로 얻고 있다는 사실을 알 수 있다. 생물 음향학 연구의 선구자인 위틀로 오 Whitlow Au의 연구에 따르면, 돌고래는 반향정위 클릭음만을 사용해 같은 크기의 알루미늄, 스테인리스, 그리고 에폭시수지로 코팅된 석재 실린더를 각각 구분할 수 있었다. 그의 또 다른 연구에 따르면 돌고래는 반향정위를 사용해 크기가 같은 알루미늄 실린더의 두께 차이도 75퍼센트의 정확도로 식별할 수 있었다.

남방큰돌고래 무리가 지나갈 때면 다양한 종류의 휘슬음과 클릭음이 뒤섞여 들려온다. 돌고래들은 다른 생물이 내는 소리 그리고 인간이 바다에서 활동하면서 내는 소리도 듣는다. 다

인간이 시각을 통해 많은 정보를 얻는 방향으로 진화한 것처럼 돌고래는 물속 환경에서 살아가는 데 적합한 소리와 청각을 발달시키는 방향으로 진화했다.

른 개체가 낸 반향정위 클릭음을 엿듣고 정보를 얻기도 한다. 돌고래는 자기 주변의 모든 소리를 통해 많은 정보를 얻고 그것에 맞추어서 행동하는 것이다. 돌고래와는 매우 다른 방식으로 소통하고 주변을 경험하는 인간으로서는 온전히 이해하기 힘든 감각이며 그렇기 때문에 더욱더 매력적인 연구 주제이다.

　소리 연구는 쉬운 일이 아니었다. 우선 제주도 바다에 서식하는 남방큰돌고래의 소리에 관한 사전 연구가 부족한 상황이기 때문에 아주 기초적인 연구부터 시작해야 했다. 소리 연구의 시작은 녹음이다. 가두리나 수족관에 있는 남방큰돌고래의 소리를 녹음하는 것이 아니라 바다에서 자유롭게 돌아다니는 남방큰돌고래들의 소리를 녹음해야 한다는 것이 우리가 풀어야 할 첫 과제였다.

　바다에서 남방큰돌고래의 소리를 녹음하는 방법은 여러 가지가 있다. 우리는 그중에서도 남방큰돌고래의 활동에 영향을 주지 않으며 녹음하는 수동 음향 모니터링Passive Acoustic Monitoring(PAM) 방법을 선택하여 돌고래들이 지나다니는 길목에 자동 음향 녹음 장비autonomous acoustic recording device(해양 음향 모니터링을 위해 녹음기, 수중청음기, 증폭기가 장비 자체에 포함된 녹음 장비)를 설치했다. 무거운 닻의 한쪽에 굵은 밧줄을 연결해 케이블타이와 테이프로 녹음 장비를 안전하게 고정하고, 또 다른 쪽은 가는 밧줄을 닻의 끝부분과 연결해 나중에 닻을 물 밖으로 끌어올릴 수 있도록 했다. 닻에 연결된 밧줄 끝에 부이를 설치해 돌고래들이 음향 녹음 장비 주변을 지나가는지 육지에서도 쉽게 알아볼 수 있도록 했다. 배를 타고 바다로 나가 녹음 장비를 수중에 설치하고 수거하는 일을 한동안 혼자 했었는데 너무 힘든 작업이

어서 나중엔 배를 타러 나가는 전날이면 밤잠을 설치곤 했다. 많은 시행착오 끝에 처음으로 바다에서 녹음된 남방큰돌고래 소리를 들었을 때의 기쁨과 감동을 아직도 잊을 수가 없다. 첫해에 녹음된 남방큰돌고래의 소리로는 제일 먼저 제주도 개체군의 휘슬음 특징을 파악하는 연구를 진행했다.

남방큰돌고래의 휘슬음은 개체군마다 특징이 조금씩 다르다. 새끼가 태어나면 사회적 접촉이 많은 주변 개체의 휘슬을 듣고 따라 하면서 자신만의 시그니처 휘슬을 만들어 간다. 그렇기 때문에 하나의 개체군에 속해 있는 개체들의 휘슬음이 다른 영역에 서식하는 개체군과 다른 특징을 가진다고 유추할 수 있다. 그리고 주변 바다의 환경 소음에 따라 휘슬음의 전달력이 영향

음향 조사에 사용되는 녹음기와 탐지기가 부이에 연결된 밧줄에 고정되어 있다. 우리는 소리 연구 초기에는 이처럼 녹음기와 탐지기가 분리된 장비를 사용했다.

을 받게 되면 주로 사용하는 주파수 영역이나 형태적 특징이 달라질 수 있다고 알려져 있다.

　우리는 수많은 남방큰돌고래 소리 파일 중 소음이 적고 휘슬이 비교적 잘 나온 부분들을 골라 휘슬의 특징을 측정했다. 그리고 제주도 남방큰돌고래 한 개체군의 휘슬과 일본 아마쿠사, 오가사와라 그리고 미쿠라섬에서 서식하는 남방큰돌고래, 이 세 개체군의 휘슬을 비교해보았다.

　결과는 흥미로웠다. 우선 비교해본 남방큰돌고래 네 개체군의 휘슬은 개체군마다 모두 차이가 있었다. 제주도 개체군은 특히 다른 개체군들에 비해 휘슬의 변곡점이 적은 편으로 나타났다. 휘슬이 비교적 단조롭다는 뜻이다. 일본 개체군 중에는 해양 환경이 제주도와 가장 유사한 아마쿠사 개체군에서 단순한 휘슬이 더 많이 나타났고, 제주와 가장 환경이 달라 보이는 미쿠라섬과 오가사와라의 개체군은 상대적으로 복잡한 휘슬을 많이 사용했다. 이 결과를 가장 잘 설명하는 가설은 돌고래가 만들어

남방큰돌고래의 복잡한 휘슬을 보여주는 변곡점이 많은 그래프.

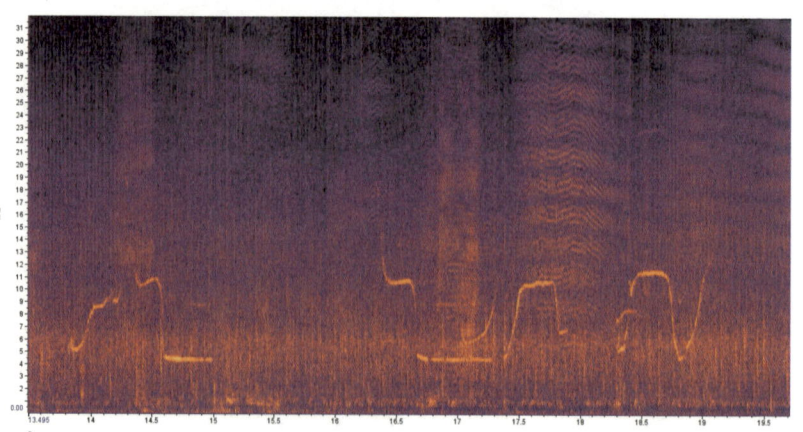

내는 휘슬의 특징이 환경 소음에 영향을 받는다는 것이다. 돌고래는 해양 소음이 높으면 휘슬의 전달력이 떨어지는 것을 막기 위해 더 '단순한' 휘슬음을 낸다. 아마쿠사 개체군과 제주도 개체군처럼 사람들의 활동이 많은 해안가에 서식하며 상대적으로 얕은 바다에서 활동하는 남방큰돌고래의 휘슬은 미쿠라섬 개체군처럼 소음이 적고 깊은 바다에서 서식하는 남방큰돌고래의 휘슬과 비교하면 단순한 형태임을 확인한 것이다.

　제주도 남방큰돌고래 소리 연구는 휘슬음을 시작으로 연구 범위를 조금씩 넓혀 가고 있다. 육지에서 진행한 행동 모니터링과 함께 소리를 분석해 행동에 따른 소리의 특징을 파악한다. 그리고 지난 몇 년 동안 늘어나기 시작한 관광 선박 소음이 남방큰돌고래의 소리에 어떤 영향을 미치는지를 알아보기 위해 다양한 환경 조건하에서 남방큰돌고래의 소리를 녹음해 분석하고 있다. 남방큰돌고래 관찰이 어렵던 지역이나 육안 모니터링이 불

앞의 그래프와 비교해 제주 남방큰돌고래의 휘슬음은 변곡점이 적어 단조롭다는 사실을 알 수 있다.

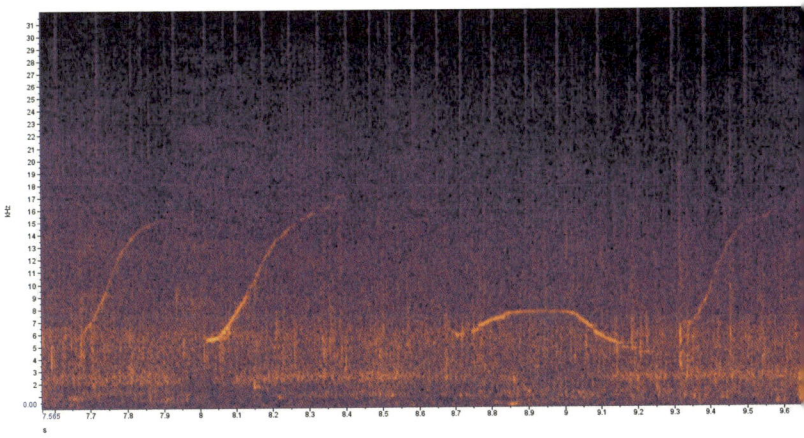

가능한 야간 시간대의 모니터링도 시도하고 있다.

　　이 모든 연구는 남방큰돌고래 '소리 행동'acoustic behavior 연구이다. 처음 호기롭게 생각했던 의사소통 연구는 아직 시작도 못했다. 동물행동학에서 의사소통은 한 개체가 의미를 가진 신호를 다른 개체에 전달하고, 이 신호를 전달받은 개체가 신호의 의미를 이해하고 응답하는 것에서 시작한다. 현재 제주 남방큰돌고래 소리 연구는 개체들의 고유한 특징을 파악하고 행동에 따른 차이를 파악하는 단계에 머물러 있어 의사소통 연구라고 부르기에는 미흡하다. 앞으로 장기간 꾸준히 연구하다 보면 언젠가 본격적인 단계에 들어서 그 소리의 의미를 이해하는 날이 오지 않을까. 남방큰돌고래의 의사소통뿐 아니라 소리와 행동 신호의 복합적인 전달에 관한 연구도 우리의 버킷 리스트에 들어 있다.

남방큰돌고래의 도구 사용과 문화

2017년 가을 어느 날, 대학원 동기들과 일본 코시마섬에 들어가기 위해 썰물에 드러난 모랫길을 걷고 있었다. 섬에 도착 후 아슬아슬한 절벽을 지나 섬을 반쯤 돌았을 즈음 나타난 작은 해변에서 우리를, 아니 우리가 들고 온 먹이를 기다리는 일본원숭이들과 마주쳤다. 1948년부터 이 작은 섬에서 일본원숭이 행동 연구가 진행되었다. 지금은 연구 윤리 차원에서 그때와 같은 방식으로 연구하지 않지만, 당시에는 연구자들이 약 20마리의 일본원숭이를 대상으로 고구마와 곡물 등 먹을 것을 제공하며 그들의 생김새를 외우고 복잡한 사회 구성을 파악하는 연구를 수행했다. 그 섬에서 일본원숭이 연구를 시작한 지 5년쯤 지난 1953년 무렵, 11살 반 된 암컷 원숭이 이모Imo가 물이 흐르는 곳으로 고구마를 가져가 고구마 껍질에 묻은 모래를 씻어내는 행동을 하는 것이 관찰되었다. 이모는 모래가 씹히지 않는 것이 마음에 들었는지 고구마를 계속 물에 씻어 먹었고, 그 행동은 바로 옆에 있던 이모의 어미 그리고 무리의 가까운 개체를 시작으로 또 다른 어린 새끼와 암컷 들에까지 아주 빠른 속도로 퍼져 나갔다. 1958년까지 어린 일본원숭이 19마리 중 15마리가 고구마를 먹기 전 물에 씻는 행동을 했다. 한 마리가 시작한 행동이었는데 1961년에는 어린 개체부터 코시마섬의 거의 모든 원숭이가 고구마를 씻어 먹었다. 이 작은 해변에서 시작해 주변으로 파급된 문화가 몇 세대를 지나며 2017년 우리가 코시마섬에 도착한 날까지도 지속되고 있었고, 일본원숭이들이 고구마를 씻어 먹는 모습을 우리도 직접 지켜볼 수 있었다.

  1960년 코시마섬에서 일본원숭이 문화 연구가 한창 진행될 무렵, 제인 구달은 탄자니아의 곰베에서 그녀가 데이비드 그레이비어드David Greybeard라고 이름 붙인 침팬지가 흰개미 언덕에 쪼그려 앉아 있는 것을 발견했다. 데이비드가 명확하게 어떤 행동을 하는지 보이지 않았지만, 풀잎을 어딘가에 찔러 넣었다가 입으로 가지고 가는 듯했다. 구달은 데이비드가 떠난 자리에 버려져 있던 풀줄기 중 하나를 언덕에 있는 구멍에 넣었다 빼내보았는데, 흰개미가 풀 끝을 물고 매달려 있는 것을 발견했다. 데이비드는 풀줄기를 '흰개미 낚시 도구'로 사용했던 것이다. 풀잎이 꺾이자 침팬지는 나뭇가지를 사용했다. 이 발견 후 구달은 데이비드 외의 다른 침팬지들도 나뭇가지를 꺾은 후 구멍에 넣기 좋도록 나뭇가지의 잎과 가지를 제거해 흰개미 낚시를 하는 것을 확인했다. 구달이 관찰한 침팬지들은 도구를 목적에 알맞게 가공하여 사용하는 법을 알고 있었다.

이렇게 서로 다른 두 공간에서 이뤄진 연구 덕분에 우리는 인간만이 도구를 만들고 사용하며 문화를 가진 유일한 동물이 아니라는 사실을 알게 되었다. 문화와 도구 사용에 대한 연구는 다양한 야생동물 종으로 꾸준히 확산해 갔고, 해양 포유류에서도 이러한 발견이 이루어졌다.

오스트레일리아 샤크만에 서식하는 남방큰돌고래 개체군은 해면을 도구로 사용하여 먹이를 찾고 사냥하는 것으로 유명하다. 샤크만 남방큰돌고래 개체군은 제주와는 다른 환경에서 서식한다. 샤크만의 남방큰돌고래 개체군의 암컷과 어린 개체들은 깊은 먼바다까지 나가서 사냥하는 수컷 무리와는 잘 마주치지 않으며 작은 규모로 무리를 유지하는 편이다. 해면을 사용해서 먹이를 찾는 먹이 탐색법은 몇몇 경우를 제외하면 대부분 암컷과 어린 개체에서 나타난다. 아주 얕은 연안보다는 수심이 8~13미터가량 되는 곳에서 주둥이에 해면을 물고 바닥을 헤집어 모래 밑에 숨어 있는 물고기를 찾아낸다. 해면을 이용해 주둥이를 보호하는 것이다.

샤크만의 남방큰돌고래가 해면을 도구로 사용하는 행동을 문화라고 정의할 수 있으려면 기본적으로 몇 가지 요소가 충족되어야 한다. 우선 샤크만에서 관찰되는 사냥 방식이 다른 지역의 개체군에서는 나타나지 않거나 다르게 나타나야 한다. 그리고 그 행동이 세대에 걸쳐 관찰되어야 하며 사회적 학습을 통해 획득되어야 한다. 샤크만 남방큰돌고래의 해면 사용은 이러한 요건을 충족한다. 남방큰돌고래는 서식하는 지역에 따라 먹이가 다르고, 먹이의 종류에 따라 조금씩 다른 사냥법을 사용한다. 샤크만에 서식하는 남방큰돌고래 중 해면을 도구로 이용해 먹이를 찾는 개체는 400여 마리 중 50마리 정도이다. 이 행동은 주로 암컷이 혼자 먹이를 찾을 때 관찰되며 어미와 바짝 붙어 다녀야 하는 어린 새끼에게 정보가 전달되는 것이 확인되었다. 해면을 사용하는 어미가 낳은 새끼들은 대부분 어미가 해면을 사용하는 방법을 보고 배운다. 해면을 사용하여 먹이를 찾는 행동은 샤크만의 특정 수심대의 해역에서 사냥하는 개체 중 일부 암컷과 그들의 새끼에서만 나타났다. 이것은 어미에서 새끼로 도구 사용에 관한 문화적 정보가 수직적으로 전달된 대표적인 사례다. 또한 해면을 사용하는 개체끼리는 해면을 사용하지 않는 개체들에 비해 더욱 친밀한 사회적 관계를 맺고 있다는 연구 결과가 나오면서 해면을 사용하는 행동이 문화라는 주장에 더 힘이 실렸다.

다양한 서식 환경을 제공하는 천혜의 자연환경과 40년 이상 계속 연구를 진행할 수 있었다는 점, 특히 물속 바닥까지 볼 수 있을 정도로 수중 시야가 좋아 개체의 행동을 세세하게 관찰할 수 있다는 점 덕분에 샤크만에서는 다양한 사냥 문화가 관찰되어 왔다. 그중에서도 빈 고둥의 껍데기를 사용해 사냥하는 문화인 '셸링'shelling은 11년간의 연구 기간 중 19마리의 남방큰돌고래에서 42회 기록된 행동이다. 이들은 작은 물고기를 속이 빈 커다란 고둥 껍데기 속으로 몰아넣은 후 고둥을 수면으로 가지고 올라온다. 수면에서 고둥 껍데기를 물고 흔들면 안에 있던 바닷물과 물고기가 빠져나오고 이 물고기를 사냥해 먹는 것이다. 해면을 사용하는 행동이 어미에서 새끼로 수직적으로 전달되는 것과 달리 셸링은 수평적으로, 즉 서로 사냥하는 행동을 보고 따라 하는 방식으로 전달되는데 이러한 수평적인 정보 전달 방식은 돌고래류에서는 처음으로 확인된 경우다. 연구자들은 해양 폭염으로 인해 많은 고둥이 죽으면서 갑자기 늘어난 빈 껍데기가 남방큰돌고래들이 수평적으로 정보를 습득하게 된 환경 요인이라고 추정한다. 긴 연구 기간에 비해 적은 숫자로 보이지만, 서로 다른 개체에서 셸링이라는 행동이 관찰됨으로써 남방큰돌고래 무리에서 정보가 수평적으로도 전달될 수 있음이 확인되었다. 즉 해양 포유류에서도 인간이나 유인원만큼 다양한 방식으로 정보가 전달되고 문화가 발전한다고 말할 수 있게 되었다.

해양 포유류의 문화는 도구 사용뿐 아니라 소리를 이용하는 소통 방식에서도 나타난다. 이빨고래류인 범고래killer whale는 휘슬음과 클릭음을 사용해 서로 소통하고 주변을 인지한다. 범고래는 크게 몇 가지의 생태형ecotype으로 분류할 수 있는데, 이 생태형에 따라 외형, 식단, 서식지, 행동은 물론 음향의 특징도 달라진다. 예를 들어 북태평양의 범고래는 연안 가까이 서식하며 어류를 주된 먹이로 하는 정착성 범고래resident killer whale, 남부 캘리포니아에서 북극까지 넓은 범위에 걸쳐 서식하며 해양 포유류를 비롯한 다양한 먹이를 먹는 이동성 범고래transient killer whale/bigg's killer whale, 그리고 해안선에서 멀리 떨어진 북태평양 먼바다를 주요 서식지로 삼으며 상어를 포함한 어류를 주식으로 하는 근해형 범고래offshore killer whale로 나뉜다. 이 세 가지 생태형에 따라 이들의 클릭음은 명확하게 구별할 수 있을 만큼 차이가 난다. 또한 범고래는 생태형은 물론 무리에 따라서도 휘슬음이 저마다 달라 같은 무리에 속한 개체들은 음향을 식별해 서로 인지하고 소통한다는 사실도 확인되었다. 이처럼 음향 신호가 지역적으로 독특하게 분화하여 발전하면 우리는 이를 '사투리'라고 부른다. 사투리 문화는 혹등고래에서도 발견된다.

혹등고래 수컷은 겨울 짝짓기 철에 10~20분 길이의 노래를 몇 시간 동안 계속 반복한다. 혹등고래의 노래는 수컷이 있는 영역을 알리고 지키려는 행동이자 구애 행동이라고 알려져 있다. 혹등고래는 집단마다 조금씩 노래가 다른데, 이 노래는 해마다 조금씩 달라진다. 짝짓기 하는 동안 달라진 노래를 수컷은 다음 짝짓기 철까지 기억한다. 그리고 5년가량 지나면 처음 시작했던 노래와는 전혀 다른 노래가 된다. 다른 집단의 수컷이 들어와 다른 노래를 부르기 시작하면 서로 따라 부르다 노래의 구성에 변화가 생기기도 한다. 혹등고래 수컷이 부르는 노래를 서로 배우고 전달하면서 집단의 고유한 사투리 문화를 형성한다.

수년째 제주 남방큰돌고래를 관찰하며 다양한 행동을 접하고 있지만, 우리가 관찰한 행동들을 문화라고 정의하기에는 아직 부족하다. 어떤 흥미로운 행동을 발견하더라도 일단 관찰되는 횟수가 너무 적다. 개체들의 유전적 정보, 여러 세대를 어우르는 가족력, 나이나 성별 같은 정보 또한 부족하다. 특정 행동을 문화로 받아들이기 위해서는 오랜 기간과 관찰 횟수도 필요하지만, 그 행동이 전파되는 개체들에 대한 정보가 필수이기 때문이다. 이런 제약에도 불구하고 때때로 제주 남방큰돌고래들은 이전에 보고된 적 없는 흥미로운 행동들을 보여주어 우리로 하여금 기대에 부풀게 한다. 지금도 기억하는 흥미로웠던 행동은 2020년 초가을 무렵의 놀이 행동이다. 돌고래들이 제주도에 흔한 암석인 현무암을 주둥이로 올려서 던지는 놀이 행동을 하고 있었다. 주먹보다 조금 크고 동글동글한 현무암 덩이를 주둥이 위에 잘 얹어 수면 위로 가지고 올라와 던지고 노는 행동이었다. 꽤 섬세한 기교를 요하는 동작도 있어 흥미롭게 지켜보았다. 그러나 이 놀라운 행동을 관찰한 것은 이때를 포함해 두어 번뿐이다. 즉 아직은 그저 우연히 일어난 현상에 지나지 않는다. 그럼에도 오스트레일리아 샤크만의 남방큰돌고래가 사냥에 해면을 이용하는 행동, 남방혹등돌고래가 해면을 다른 개체에게 선물하는 행동 등이 문화로 발전한 것처럼 제주 남방큰돌고래의 현무암 놀이 행동도 무리 안에서 서로 배우고 전달되어 이 지역 돌고래의 고유한 문화로 자리 잡았으면, 그리고 그런 과정을 기록할 수 있었으면 하는 바람이다.

누군가를 구별한다는 것

돌고래에게 이름을 지어주는 이유는 애정보다는 필요 때문이다. 100마리가 넘는 돌고래의 비슷비슷하게 생긴 지느러미에도 특징이 있다. 그에 맞게 적당한 이름을 붙이면 기억하기가 쉽다. 등지느러미는 물론 꼬리지느러미 끝부분에도 하얀 반점이 있어 '화이트팁'white tip, 콩을 가로로 누인 듯한 모양의 상처가 있는 '콩가', 끄트머리가 화살촉처럼 세모난 '애로우'arrow, 여기저기 뜯겨 나간 상처들이 마치 나비 날개처럼 보이는 '나비', 입술을 삐쭉 내민 듯한 상처가 있는 '뽀', 특이하게도 등지느러미 끝이 네모난 모양이었던 '네모'….

    등지느러미의 모양이 아니라 사연에 따라 이름을 짓기도 한다. 어느 10월에 다가오는 선박에서 멀리 떨어지도록 쉼 없이

제주 남방큰돌고래가 제주도에 많은 현무암을 주둥이 위에 올렸다 던지며 놀고 있다.

죽은 새끼를 밀어내고 있던 '시월이', 정치망에 들어간 적이 있어 혹시라도 다시 들어가게 된다면 혼자서도 무사히 빠져나오기를 바랐던 '나오' 등등. 이름은 연상하기 쉬울수록 좋다. 쌍안경으로 돌고래를 지켜보거나, 사진을 찍는 중에 뷰파인더 안으로 등지느러미가 스쳐 지나가기만 해도 어느 돌고래인지 바로 알아챌 수 있기 때문이다. "126번과 83번, 11번이 있는 것 같아!"보다는 "카프카와 네모가 함께 다녀!", "애로우 옆에 못 보던 새끼가 생겼어!" 하는 것이 훨씬 빠르게 인지되기 때문이다.

여러 번 설명했듯 등지느러미는 돌고래를 구별하는 수단이다. 다른 종들의 개체를 구별하는 일은 쉬운 일이 아니다. 하지만 어느 종이건 개체마다 고유한 외형적 특징이 있다면 그 각각의 개체를 알아보기가 용이하다. 돌고래의 경우라면 나이가 들면서 늘어나는 등지느러미의 상처, 피부병이나 사고로 생긴 흉터, 타고난 특이한 외모 등이 식별 정보에 해당한다. 이 중 가장 쉽게 볼 수 있는 것이 숨을 쉬기 위해 돌고래가 수면 위로 올라오는 순간 어김없이 드러나는 등지느러미이다.

2013년부터 2015년까지 방류된 돌고래들이 무사히 잘 지내는지 조사할 때도 등지느러미의 상처를 확인해 개체를 식별하는 방법이 사용되었다. 돌고래의 등지느러미에는 곧잘 상처가 났다가 아문다. 어떤 상처는 흉터로 남고, 어떤 상처는 감쪽같이 회복되기도 한다. 다른 돌고래들과 상호작용하면서 생긴 상처, 바위에 몸을 비비면서 긁힌 상처, 멋모르고 배에 다가갔다가 스크루에 다쳤거나, 버려진 낚싯바늘에 긁힌 상처 등이 고스란히 남아 그 돌고래가 어떻게 살아왔는지, 또 살고 있는지를 말해준다. 방류 돌고래 중 위성 추적 장치GPS를 달았던 제돌이, 춘삼

돌고래 관찰 장비로는 쌍안경, 망원렌즈를 부착할 수 있는 카메라가 기본이다.
고가의 장비이지만 드론도 필드과학 연구자의 현장 조사에 빠지지 않는 필수 장비이다.

이, 복순이, 태산이는 등지느러미에 부착했던 위성 추적 장치가 떨어져 나가고 그 자리에 작은 구멍이 남아 있다. 이렇게 남겨진 상처가 한편으로 편리한 식별 흔적이 되지만, 일시적으로 생긴 작은 상처가 아니라 찢어지고 뜯겨 나가며 생긴 영구적인 상처가 확실한 식별 정보라는 것이 불편하게 느껴지기도 한다.

돌고래의 등지느러미 사진을 모아 목록화하는 것은 가장 전통적이면서 가장 많이 사용되는 돌고래 연구 방법이다. 돌고래와 접촉하지 않고, 어떤 피해도 주지 않으면서 돌고래를 알아볼 수 있기 때문이다. 이 방법을 이용해서 우리는 제주도의 남방큰돌고래들과 고향으로 돌아간 돌고래들을 지속적으로 추적하고 관찰한다. 그리고 이 방법은 대부분의 돌고래와 고래류 연구의 시작점이다. 새로 낳은 새끼를 확인하고, 이 새끼들이 자라면서 누구와 친하게 지내는지 확인한다. 무리 지어 사냥할 때 누가 꼬리를 두드리며 사냥의 시작 신호를 보내는지, 누가 변두리에서 물고기를 몰고 있는지 알아볼 수 있다. 선박이 접근했을 때 스트레스를 받는 돌고래가 누구인지, 어느 돌고래가 유독 선박에 친근하게 다가가는지 등도 파악할 수 있다. 선박에 접근했다가 등지느러미의 일부가 잘려 나가는 사고를 당한 돌고래가 누구인지도 우리는 알고 있다.

일 년간 구별할 수 있는 개체수를 바탕으로 특정한 서식지 내에 얼마나 많은 돌고래가 있는지 추정하는 연구도 가능하다. 다만 너무 어려 아직은 상처가 없거나, 충분히 자랐는데도 등지느러미가 매끈한 개체가 있을 수 있다. 돌고래는 물속에서 대부분의 시간을 보내고, 우리는 돌고래가 물 위로 올라오는 순간만 잡아내고 있으니 아무리 열심히 기록하고 사진을 찍어도 놓치는 개체는 있기 마련이다. 돌고래의 개체군 크기 추정은 이렇게 구별할 수 있는 개체와 구별할 수 없는 개체의 추정치, 출생률과 사망률을 감안하여 계산된다. 최대한 많은 개체를 파악하면 할수록 정확도는 올라간다.

개별 개체의 건강 상태를 확인하거나, 사회성을 연구하는 데도 등지느러미의 상처를 통한 개체 식별 자료가 기반이 된다. 특정 개체만 살이 빠진 것인지, 무리 전체에 같은 현상이 나타나는지를 알 수 있다. 어떤 개체가 새끼를 더 오래도록 돌보는지 혹은 새끼를 자주 잃는지를 파악하여 어미와 새끼 사이의 유대 관계를 추정할 수도 있다. 새끼를 자꾸 여의는 암컷이 있다면 다른 암컷과의 사회적 관계망이 잘 형성되어 있는지, 그래서 새끼를 잘 키워 온 다른 암컷들의 조력을 충분히 얻고 있는지를 추측해볼 수 있다.

바다에 사는 대표적인 사회적 동물인 고래는 종에 따라 암컷을 중심으로 2~4마리의 가족 구성원이 긴밀한 관계를 형성한다. 그런가 하면, 일부 돌고래 종은 수백에서 수천 마리가 대규모 무리를 형성해 바다를 누비고 다니는데, 무리 사이의 관계는 계속해 변화하며 유지된다. 제주의 남방큰돌고래는 한 번에 100마리 이상이 함께 다니기도 하지만 대체로는 평균 20~30마리가 무리를 이루는데, 이 무리 안에서 4~5마리가 더욱 친밀하게 뭉치기도 한다. 왜 큰 무리와 그 안에서 더 결속력 있는 작은 무리가 형성되는지, 이런 관계가 얼마나 오랫동안 지속되는지도 개체를 식별하는 일에서부터 시작된다.

돌고래와 고래의 개체를 식별하는 데는 사진이 가장 많이 사용된다. 과거 고래 연구 초창기부터 1990년대까지는 대부분의 고래 연구자들이 수동 카메라로 개체 사진을 찍었다. 수동으로 초점을 맞추어 사진을 찍고, 현상과 인화를 손수 해야 했다. 디지털 카메라가 나온 이후, 이러한 식별 작업은 큰 전환점을 맞는다. 예산 걱정 없이 사진을 찍고, 필요 없는 사진까지 일일이 출력할 필요가 없다. 슬라이드 필름을 소중히 여기며 한 장씩 사진을 뽑아 개체의 목록을 만들지 않아도 된다. 최대한 많은 개체 사진을 훨씬 수월하게 찍을 수 있게 되었다. 비약적인 발전을 이루었지만, 그 때문에 이제는 다른 어려움에 봉착했다. 제한이 없어지니 과도하게 많이 찍은 사진을 일일이 확인하고 검토하는 데 드는 시간이 몇 배로 늘어난 것이다.

샤크만의 남방큰돌고래는 대체로 10마리 이내의 무리를 형성한다. 한 무리에 속한 돌고래들은 가까이 붙어 다니는 편이다. 이곳에서는 무리를 정의하는 기준 중에 '10미터 체인 룰'이 있다. 서로 다른 두 개체의 거리가 10미터 이내 간격으로 연결되어 있어야 같은 무리로 본다. 이 룰에 따르면 사진을 찍으면서 놓친 개체가 있는지 어느 정도 파악할 수 있다. 즉 수십에서 백여 미터 범위 내에서만 돌고래를 찾으면 된다. 그러나 제주도에 같은 룰을 적용할 수는 없다. 제주의 돌고래들은 평균적으로 20~30마리가 무리를 짓는다. 말이 평균이지 40마리 이상 발견되는 경우도 흔하고, 때로는 70~80마리 이상이 한 무리를 이루기도 한다. 게다가 무리에 속한 돌고래들이 바짝 붙어 있지 않고 느슨하게 퍼져 있기라도 하면 수백 미터 이상 넓혀진 범위에서 여기저기 출몰하는 돌고래 수십 마리를 잡아내야 한다. 최대한 무리 내 모든 개체의 사진을 찍어야 하는 처지에서는 혼이 빠질 것 같은 상황이다. 정신없이 셔터를 누르다 보면 하루에 수천

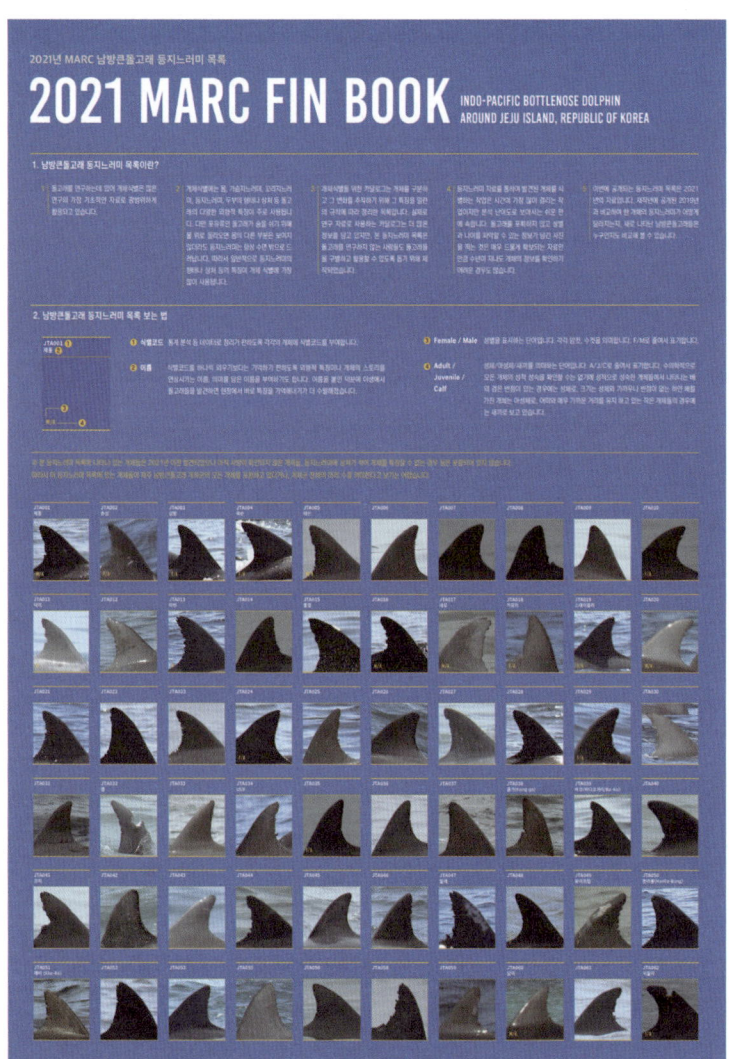

MARC가 개체 식별을 위해 찍은 제주 남방큰돌고래 등지느러미 사진으로 제작한 〈2021 MARC FIN BOOK〉의 일부이다.

장씩 찍는 일이 보통이다. 그러고 나면 사진을 한 장씩 넘기면서 쓸모없어 보이는 사진을 지워야 한다. 돌고래는 한 번에 한 마리, 때론 여러 마리가 찍히기도 하는데 사진의 어느 구석에라도 등지느러미가 보인다면 그 사진은 지울 수 없다. 그 한 장이 수천 장의 사진 중 특정 개체의 식별 정보를 담은 단 한 장의 사진일 수 있기 때문이다. 그래서 초점이 맞지 않거나 이상한 사진만 골라내고, 행동 기록표상의 시간과 사진상의 행동을 비교하며 사진을 행동에 따라 분류한다. 방류 돌고래들이나 '오래'처럼 명확한 목표하에 추적 중인 개체들은 따로 분류한다. 이렇게 해서 개체 식별을 위한 '사전 작업'이 끝난다.

사진을 한 장씩 넘겨 보며 등지느러미가 나온 부분을 확대해 확인한다. 상처가 있거나 각도가 특이한 등지느러미 중 식별이 가능한 사진은 작년에 관찰되었던 개체인지 비교하기 위해 작년의 기준 사진 자료와 대조한다. 그러한 사전 작업에도 몇 시간이 꼬박 들지만, 본격적인 식별 작업은 온종일 해도 하루치 사진을 다 못 보는 경우가 많다. 단순한 작업이지만 집중력을 놓치면 안 되고, 시간도 한없이 들어간다.

그러나 그런 수고로움 덕에 이제 우리는 누가 누구와 함께 다니는지를 안다. '네모'가 보이면 주변에서 '빌레'를 찾거나, '애로우'를 보면 혹시 주변에 '복순이'가 있는지 찾게 된다. 방류 돌고래들의 새끼를 구별할 수도 있다. 특정한 몇 마리가 함께 다닌다면 이 무리가 새끼를 낳아 키우는 암컷 중심의 무리인지, 나이든 수컷의 무리인지 파악할 수 있다. 누가 새끼를 잘 돌보고, 누가 새끼를 유독 자주 여의는지도 어느 정도 알게 되었다.

이제는 다른 분야의 전문가와 협업하여 연구를 좀 더 수월하게 수행할 방법을 시도해보고 있다. 최근 다양한 분야에 각광받는 머신러닝을 활용한 식별법이 그것이다. 식별에 들이는 시간과 노력을 줄일 수 있으니 본격적인 돌고래의 생태를, 무엇보다 궁금했던 질문들에 대한 대답을 찾는 데 더 집중할 수 있으리라 기대하고 있다.

바닷속에서 만난 미쿠라섬 남방큰돌고래

"와! 우리 애들보다 더 큰 것 같아요!"

미쿠라섬의 해안 가까이 붙어서 천천히 움직이는 남방큰돌고래 무리를 보며 소리쳤다. 제주도가 아닌 다른 서식지에서 남방큰돌고래를 만난 건 처음이었다. 외국에서 만나서 그랬을까, 처음으로 제주 남방큰돌고래를 "우리 애들"이라고 부른 날이었다.

일본 도쿄에서 남동쪽으로 약 200킬로미터 떨어진 작은 섬 미쿠라에는 약 140마리의 남방큰돌고래가 무리를 이루어 살고 있다. 날씨가 좋은 날에는 미쿠라섬 주변 바다에서 남방큰돌고래들이 천천히 유영하는 광경을 쉽게 볼 수 있다. 1990년, 이런 천혜의 조건이 갖춰진 미쿠라섬에서 남방큰돌고래 관광 산업과 연구가 거의 동시에 시작되었다.

휴면 화산섬인 미쿠라섬은 면적이 약 20.6제곱킬로미터이다. 바다에서 솟구친 화산 활동이 매우 급격했던 탓인지 섬 가장자리가 대부분 가파른 절벽이다. 그렇다 보니 미쿠라섬에서는 제주도처럼 육상에서 섬 주변의 해안 지역을 조사할 수 없다. 배를 띄워야만 섬 주변을 조사해 남방큰돌고래들을 만나고 관찰할 수 있으므로 데이터 수집은 대부분 시야가 좋은 수중에서 이루어진다. 30년 전 매우 조심스럽게 시작된 '남방큰돌고래와 수영하기'는 관광 프로그램을 진행하는 주민들과 과학자들이 공동으로 가이드라인을 만들었다. 매년 개체군의 크기와 건강 상태를 관찰하고 연구하면서 신중하게 관광을 병행한다.

아주 작은 관광용 모터보트는 한 번에 최대 6명까지 관광객을 태울 수 있다. 미쿠라섬에서 운영하는 관광 보트의 숫자는 정해져 있고, 보트마다 하루 운행 횟수와 관광객의 출항 횟수도 엄격히 제한된다. 또한 보트가 바다에 나갔다가 돌아올 때마다 반드시 육지에 보고해야 한다. 보트는 돌고래 무리를 발견하는 순간 무리가 움직이는 방향과 반대쪽으로 움직여 거리를 떨어뜨려야 한다. 그리고 돌고래가 이동할 것으로 예상되는 지점에 정지해 관광객과 연구자 들이 입수한다. 관광객은 바다에 들어갈 때 오리발이나 웨이트(무게추)를 착용할 수 없다. 돌고래를 쫓아 수영하거나 돌고래 무리를 향해 다가가서도 안 된다. 입수한 후에도 움직이지 않고 기다려야 한다. 돌고래 무리가 가까이 다가올 수도 있고 멀리 피해 지나갈 수도 있다. 관광객들은 멀찌감치

미쿠라섬 전경.

떨어져 바다에 둥둥 뜬 채로 지나가는 돌고래들을 관찰한다. 주민과 관광업체는 이런 모든 가이드라인을 자발적으로 철저히 지킨다.

연구자들은 바다 날씨와 시야가 좋은 여름에 조사에 나선다. 연구용 보트를 탈 수 없는 날이거나 관광 보트에 자리가 남을 때는 관광 보트를 타고 바다로 나간다. MARC를 시작하기 전 미쿠라섬에 처음 방문했을 때 연구자들과 잠시 생활하며 필드 조사에 동행할 기회가 있었다. 연구자는 오리발과 웨이트를 지급받고 관광객보다 조금 더 오래, 조금 더 가까운 거리에서 돌고래들을 관찰할 수 있다. 일본 연구원 두 명과 함께 작은 배를 타고 돌고래를 찾아 바다로 나간 지 얼마 지나지 않아 미쿠라섬의 남방큰돌고래를 보았다. 아주 잠시 스치듯 보았을 뿐인데도 미쿠라섬의 남방큰돌고래가 제주도 남방큰돌고래보다 크다는 것을 한눈에 알 수 있었다.

우리는 돌고래 떼가 다가오기 전에 일본 연구원들과 함께 바다로 들어갔다. 일본 연구원 중 가장 수영을 잘하고 연구를 오래 한 연구원이 돌고래 무리의 움직임을 확인한 후 영상을 찍기 위해 수중카메라를 들고 입수했다. 연구 주제에 따라 영상을 기록하는 방식이 바뀔 수 있는데, 개체들의 행동과 개체 식별에 필요한 촬영은 기본이다. 돌고래의 소리를 연구하는 한 교수는 영상카메라와 녹음기를 함께 들고 바다로 들어가 소리와 영상을 동시에 수집했다. 또 다른 연구원은 돌고래 똥을 수거하려고 머리에는 개체 식별용 액션캠(신체나 장비 등에 부착해 촬영하는 초소형 캠코더)을 달고, 손에는 똥을 빨아들이는 조그마한 튜브를 들고 바다로 뛰어들었다. 우리는 멀리서 돌고래들과 연구원들의 빠른

미쿠라섬 남방큰돌고래를 수중에서 촬영했다. 바다에 입수해 돌고래를 관찰했던 최초의 경험이었다.

움직임을 지켜보았는데, 연구원들은 돌고래들이 그들을 스쳐 지나가는 잠시 동안 바삐 움직였다. 돌고래의 행동을 관찰하던 도중 배를 타고 이동하다 돌고래 똥을 발견하고는 배 위의 연구원들이 손수 제작한 뜰채를 사용해 똥 샘플을 건져 올리는 모습도 보았다. 아주 짧은 시간이었지만 바다에서 관찰한 미쿠라섬 남방큰돌고래와 연구원들의 조사 방식은 제주도 남방큰돌고래 연구에 큰 자극이 되었다.

미쿠라섬에 서식하는 남방큰돌고래 개체군은 오랜 기간 연구가 수행되어 우리가 가장 잘 이해하는 해양 포유류 개체군이 되었다. 개체 식별은 개체의 크기와 몸 전체 생김새를 통해 이뤄지며 매년 진행되는 현장 연구로 업데이트된다. 2022년, 미쿠라섬에 서식하는 것으로 파악된 개체수는 약 140마리이며 매년 10여 마리의 새로운 개체가 식별되어 목록에 추가된다. 일 년생 새끼의 생존율은 약 86.7퍼센트이며 새끼가 젖을 떼기까지는 평균 3.5년이 걸린다. 개체군의 아성체는 수컷이 많았지만 성체는 암컷이 많았고, 암컷 성체의 출생 간격은 약 3.4년이며, 여름에 가장 많은 새끼가 태어난다. 1994년부터 2004년까지 미쿠라섬에서 발견된 수컷 성체 몇 마리는 미쿠라섬을 떠나 일본 내 다른 지역의 남방큰돌고래 개체군에서 발견되기도 했다. 미쿠라섬에서 가장 멀리 이동한 개체는 약 390킬로미터 떨어진 혼슈 남서부의 와카야마에서 발견되었다.

　　연구진이 오랫동안 모은 똥은 살아 있는 개체의 유전적 관계를 추적하는 데 사용되었다. 이렇게 만들어진 개체군의 가계도는 연구에 깊이를 더한다. 음향 모니터링을 통해 일본에 있는 다른 남방큰돌고래 개체군과 휘슬음이 어떻게 다른지, 해양 소음 때문에 바뀌는 휘슬음의 특징과 주·야간 음향 행동의 차이 등을 알아냈다. 그 밖에도 검목상어cookie cutter shark에 물린 상처와 위 속의 내용물을 확인하는가 하면, 돌고래들이 주간에 섬 주변에서 무엇을 하며 지내는지를 알아낼 수 있었다. 미쿠라섬 남방큰돌고래들은 주간에는 수심이 깊은 곳을 벗어나 수심이 얕고 안전한 미쿠라섬 주변에서 휴식을 취하다가, 야간에는 먼바다로 나가 섭식을 비롯해 다양한 활동을 벌인다. 남방큰돌고래의 나이가 많아질수록 생식기 부위에서 시작해 지느러미와 턱이 있는 상부를 향해 반점이 점점 더 늘어난다는 사실도 알아냈다.

　　미쿠라섬 남방큰돌고래 연구는 바닷속에서 돌고래의 행동

을 관찰하는 것부터 시작되었는데, 장기간 이어진 연구 덕분에 흥미로운 이야기들이 알려졌다. 그중 어미를 잃은 새끼를 '입양' 한 암컷 돌고래에 관한 이야기가 특히 주목받았다. 2012년 4월, 남방큰돌고래 암컷 한 마리가 태어난 지 한 달이 채 지나지 않은 수컷 새끼를 두고 그물에 걸려 죽었다. 그후 눈에 띄지 않던 새끼는 죽은 어미가 발견된 지 15일 만에 다른 암컷과 함께 발견되었다. 새끼를 '입양'한 암컷은 여덟 살 정도로 추정되었는데, 새끼를 낳기에는 어린 나이였다. 5년 동안의 행동 관찰을 통해 새끼의 어미와 새끼를 입양한 암컷은 사회적으로 친밀한 유대를 맺고 있던 사이도 아니었고 유전적으로도 가깝지 않은 것으로 확인되었다. 새끼를 입양한 암컷은 처음 그 수컷 새끼와 함께 발견된 날부터 102일 동안 새끼를 돌봐주는 모습이 관찰되었다. 모유를 먹어야 하는 새끼가 젖을 먹으려는 행동을 하자 놀랍게도 암컷에게서 모유가 나왔다. 그러나 알 수 없는 이유로 새끼는 조금씩 살이 빠지는 모습을 보이다가 2012년 9월 입양한 어미와 함께 모습을 보이고는 사라져버렸다. 이 남방큰돌고래의 '입양'에 관한 사례 연구는 다른 해양 포유류와 다르게 사회적, 유전학적 거리가 먼 개체에 의한 입양이었다는 점에서 주목받았다. 또한 한 번도 새끼를 낳아보지 않은 아성체 암컷에 의한 입양이었다는 점도 흥미로웠다. 그 아성체 암컷이 왜 그리고 어떻게 그런 행동을 했는지는 밝혀내지 못했지만, 남방큰돌고래의 이러한 행동은 높은 공감 능력을 시사한다.

    미쿠라섬 남방큰돌고래에 대한 행동생태학적 연구 성과는 남방큰돌고래라는 종을 이해하는 데 밑거름이 되었다. 이러한 선행 연구는 제주 남방큰돌고래를 이해하고 연구하는 데도 매우 좋은 참고 사례가 된다. 그러나 미쿠라섬 남방큰돌고래 연구 결과를 그대로 가지고 와서 제주 남방큰돌고래에 적용할 수는 없다. 미쿠라섬과 제주도는 지형과 환경, 먹이, 인간의 활동 등이 각기 다르기 때문이다.

"이곳 돌고래들은 무리를 크게 이루고, 정말 빠르고 과격하게 움직이는군!" 일본에서 미쿠라섬 개체군을 오랫동안 연구한 교토대 교수가 처음 제주도에서 남방큰돌고래를 보고 내뱉은 감탄사다. 미쿠라섬은 먼바다의 수심이 깊고 다양한 먹이군과 포식자가 공존하는 서식지이다. 미쿠라섬 연안의 얕은 바다는 먹이가 풍부하진 않지만 깊은 바다의 포식자를 피할 수 있는 안전한 쉼터로 사용된다. 이런 서식 환경으로 인해 미쿠라섬 남방큰돌고래는 개체군의 크기가 작으며, 낮에는 주로 섬 주변에서 쉰다. 이에 비해 제주 남방큰돌고래는 개체군의 크기가 크며 낮에 쉬는 행동이 관찰되는 일은 매우 드물다. 앞으로 연구를 통해 제주 남방큰돌고래 개체군만의 생태적 특징이 어떻게 밝혀질지 자못 기대가 크다.

강렬하고 애틋한 돌고래의 모아 관계

암컷 남방큰돌고래는 약 12개월의 임신 기간을 거쳐 새끼를 낳은 후 모유를 먹여 기른다. 갓 태어난 돌고래는 어미의 도움을 받아 주기적으로 수면 위로 올라와 숨을 쉬어야 한다. 새끼 돌고래는 빠르게 물에 적응하고 유영하는 편이지만, 출생 후 얼마 동안은 부력 조절에 서툴다. 그래서 숨을 쉬러 수면 위로 올라올 때 '퐁' 하는 소리를 낸다. 이 모습을 본 사람들은 마치 포도주병

'코르크 마개'를 여는 소리 같다고들 말한다.

    태어난 지 얼마 되지 않은 새끼 돌고래의 몸통은 아직 살이 붙지 않아 쭈글쭈글하다. 몸통에는 어미 배 속에서 웅크려 있는 동안 생긴 배냇주름fetal folds이 있다. 새끼는 2~3년간 어미젖을 먹고 보살핌을 받으며 각종 교육을 받는다. 돌고래의 긴 수유기 동안 이어지는 어미와 새끼의 강력한 유대는 새끼의 신체적, 사회적 발달에 매우 중요하며 생존과도 맞닿아 있다. 일반적으로 새끼는 어미를 떠날 때까지 신체적으로 성장하고 다양한 행동도 습득하며 점차 독립심을 기른다. 긴 시간 동안 어미와 새끼 사이에 형성되는 깊은 유대감은 새끼가 자립한 후로도 지속된다.

    돌고래 어미와 새끼의 유대감 형성은 어미가 새끼를 임신했을 때부터 시작된다. 암컷 돌고래는 다른 포유류처럼 출산이 다가올수록 다른 개체와의 사회적 행동을 줄인다. 그러면서 임신 기간 동안 제 이름처럼 사용되는 시그니처 휘슬을 더 많이 내기 시작한다. 이러한 경향은 출산 며칠 전부터 최고조에 달하고, 새끼가 태어난 직후부터 며칠 동안이 시그니처 휘슬 소리를 가장 많이 내는 것으로 확인되었다. 임신 기간 동안 증가한 시그니처 휘슬은 새끼 돌고래가 태어나기 전부터 어미의 시그니처 휘슬을 인식할 수 있도록 하는 행동이라고 추측된다. 새끼 돌고래가 태어나자마자 어미의 휘슬을 인지하고 어미와 끊임없이 접촉하는 것이 새끼의 생존에 매우 중요하기 때문이다. 새끼가 태어난 직후 어미는 새끼를 보살피고 새끼는 어미의 행동에 즉각적으로 반응하며 서로에게 집중하는 모습은 휴식을 취할 때의 행동에서도 관찰된다. 새끼가 태어난 직후 며칠 동안 어미는 쉬지 않고 새끼를 보살핀다. 그동안 새끼는 두 눈 중 어미를 바라보는

배냇주름이 있는 새끼가 어미 애로우와 함께 힘차게 헤엄치고 있다.

한쪽 눈은 뜨고, 반대쪽 눈은 감은 채 휴식을 취한다. 어미가 새끼에게 쉬지 않고 집중하고 있는 것처럼 새끼도 그만큼 어미에게 집중하고 주의를 기울인다.

 새끼는 태어난 직후부터 한동안 어미 곁에 바짝 붙어 생활하지만 자라면서 그 시간이 서서히 줄어든다. 막 태어난 새끼는 어미의 꼬리 위쪽에 자리 잡고, 어미는 아직 부력 조절이 익숙하지 않은 새끼가 숨을 쉴 수 있도록 도와주는 '신생아 자세'를 유지한다. 그렇게 몇 시간이 지나면 새끼의 유영 능력이 어느 정도 안정되면서 어미 몸통 옆면 중간 위치에 바짝 붙어서 유영하는 방식으로 위치가 전환된다. 이것을 '에셜론 자세'라고 한다. 에셜론 자세에서 새끼의 등지느러미가 어미의 등지느러미 10센티미터 이내 앞이나 뒤쪽에 위치하고, 새끼의 몸은 어미의 몸통 중간쯤에 자리 잡는다. 이 자세의 특징은 새끼의 꼬리가 아주 적게 움직인다는 점이다. 서퍼들이 파도를 타고 앞으로 나아가듯, 새끼는 어미가 움직이면서 만들어진 물살을 타며 적은 에너지로도 어미를 따라 쉽게 유영한다. 태어난 직후에 가장 많이 사용하는 에셜론 자세는 새끼가 자라면서 사용 빈도가 점차 줄고, 새끼가 어미의 꼬리 아래쪽에서 자리를 잡고 머리를 배 쪽에 두고 유영하는 '아기 자세'가 늘어난다. 에셜론 자세를 덜 사용하는 이유는 새끼의 몸집이 커지면서 더 이상 유영에 많은 도움을 받지 못하기 때문이라는 가설이 있지만 아직 명확한 이유가 밝혀진 것은 아니다. 그렇게 어미와 함께 지내던 새끼는 조금씩 어미에게서 떨어져서 발견되기 시작하고 약 12개월이 지나면 절반 정도의 시간만 어미 곁에서 지낸다. 이 시기가 되면 어미와 함께 유영할 때 에셜론 자세와 아기 자세를 사용하는 비중이 비슷하게 나타난다. 약 세 살이 되는 새끼는 더 이상 에셜론 자세나 아기 자세를 하지 않는다. 어미와 지내는 시간도 감소하며 유영할 때도 어미와 나란히 위치해 다른 성체들과 비슷한 자세를 취한다.

새끼는 살아가는 데 필요한 다양한 기술을 어미로부터 배운다. 먹이를 찾고 먹는 법, 무리와 소통하는 법, 홀로 또는 무리를 지어 사냥하는 법, 파도를 타고 노는 법까지, 어미 곁에서 최대한 많은 행동과 요령을 익히는 것이 새끼가 어미로부터 독립한 후의 생존에 매우 중요하다. 인간처럼 사회성을 지니고 무리 생활을 하는 포유류의 새끼는 대부분 눈으로 관찰한 후 따라 하는 방식으로 행동을 익히는 것으로 알려져 있다. 새끼 돌고래는 출생 후 평균 2~3년 동안 어미의 젖을 먹지만 약 일 년이 지나면 사냥한 어류를 먹을 수 있다. 새끼는 어미 바로 옆에서 아주 일찍부터 사냥하는 방법을 배우고 연습할 것이다. 성체가 사냥에

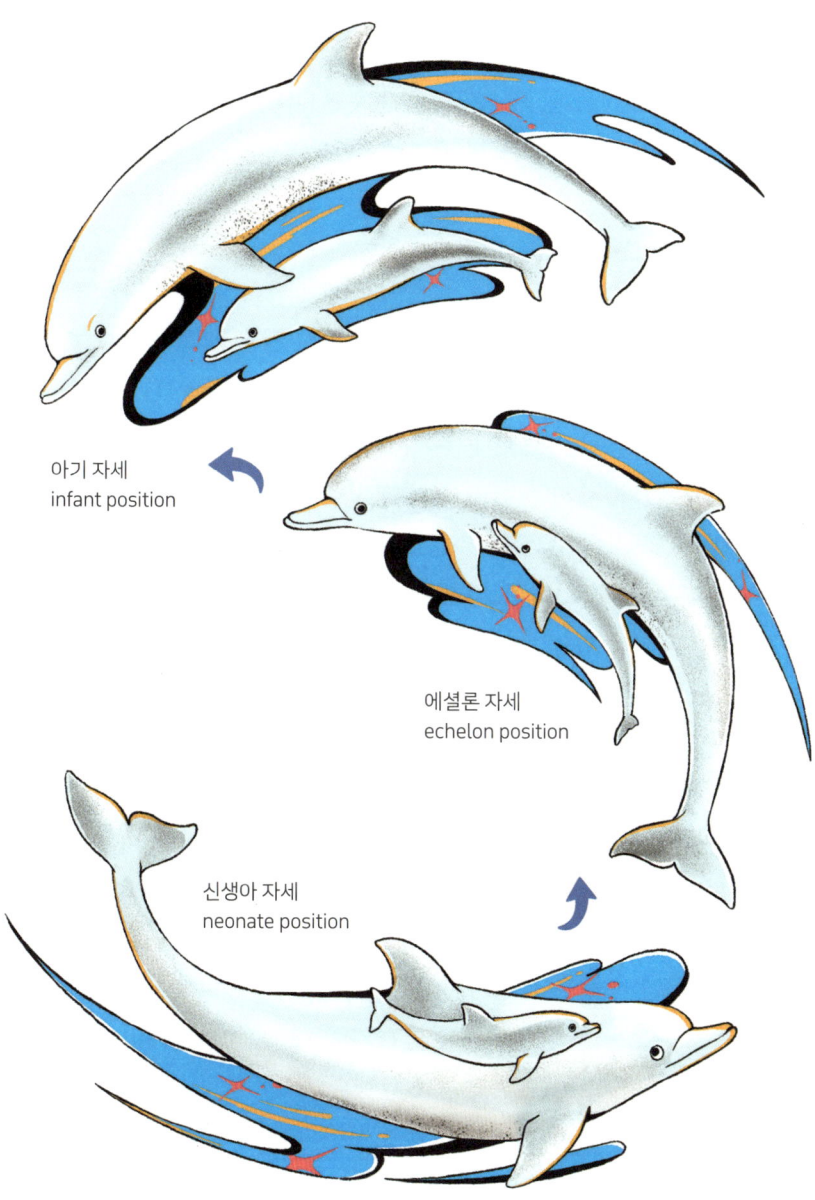

들이는 시간과 행동을 관찰해보면, 새끼가 옆에 있는 어미들이 새끼가 옆에 없는 성체보다 일부러 더 오랫동안 사냥한다는 보고가 있다. 새끼들은 사냥하는 방법뿐만 아니라 수면에 꼬리를 내려치는 법, 브리칭하는 법 등 어미의 다양한 행동을 지켜보고 따라 하면서 익혀 간다.

갓 태어난 새끼는 시그니처 휘슬이 없다. 새끼는 한동안 어미와 주변 개체들의 시그니처 휘슬을 모방하며 지낸다. 익숙한 휘슬을 변형해 연습하다가 한 살께 이르러 확연히 구분되는 휘슬이 형성된다. 이 시그니처 휘슬은 평생 거의 바뀌지 않는다. 새끼가 어미와 시간을 보내는 동안 익혀야 하는 것에는 사회적 유대감도 있다. 새끼는 어미와 함께 지내지만, 어미와 잠시 떨어질 때마다 근처에 있는 다른 돌고래를 만난다. 완전히 독립하기 전까지 평균적으로 약 20마리의 돌고래와 유대를 형성한다. 이렇게 어미 곁에 있는 동안 만들어진 사회적 네트워크는 암컷 네트워크female network나 수컷 동맹 그룹male alliance처럼 생존에 필요한 중요한 관계를 맺는 데 큰 역할을 하는 것으로 추정된다.

제주 남방큰돌고래의 어미와 새끼에 관한 연구는 아직 시작 단계에 있다. 제주 남방큰돌고래의 출산은 어미와 새끼가 붙어서 유영하는 행동과 새끼의 크기를 바탕으로 확인하는 경우가 많다. 출산을 직접 목격한 경우는 아직 없다. 2016년, 방류 돌고래 삼팔이의 사진을 보다가 삼팔이가 출산한 것 같다는 생각이 들었다. 우리는 출산 여부를 확인하기 위해 새끼의 크기와 삼팔이가 새끼와 출현하는 빈도를 체크했다. 처음 삼팔이의 출산을 예측했던 날 삼팔이가 나타난 사진마다 삼팔이 곁에서 에셜론 자세로 나타나는 새끼가 계속 발견되었다. 새끼의 배냇주름이

시월이가 두 번째 새끼와 함께 유영하는 모습이다. 시월이는 첫 번째 새끼를 여읜 후 힘겨운 시간을 보냈다.

선명하지 않았으므로 갓 태어난 새끼는 아닌 것으로 보여 출산 여부를 더 확실히 확인하기 위해서는 시간이 필요했다. 한 달 이상 정말 열심히 돌고래를 찾아 모니터링을 했다. 조사 중 발견된 무리 안에 삼팔이가 있을 때는 더 정확한 정보를 얻기 위해 그야말로 '미친 듯이' 사진을 찍었다. 평소 하루에 많아야 3~4천 장 찍던 사진을 몇 배로 더 많이 찍었고, 그렇게 찍은 사진을 하루도 거르지 않고 눈이 빠질 정도로 검수하며 삼팔이를 찾아내 새끼와 함께 있는지 확인했다. 삼팔이가 작은 새끼와 함께 찍힌 사진을 발견할 때마다 출산 가능성은 점점 커졌다.

그렇게 삼팔이와 함께 사진에 찍힌 새끼가 동일한 개체인지 판단하고자 등지느러미를 확인했다. 등지느러미가 유용한 개체 식별 정보가 되려면 상처의 흔적이 있어야 하는데 이는 성체

춘삼이의 새끼가 숨을 쉬기 위해 고개를 쏙 내밀었다.

가 된 후에나 가능하다. 그렇긴 해도 상처 없는 등지러미 사진이 무용지물은 아니다. 돌고래의 등지느러미가 비슷비슷해 보여도 형태와 각도가 조금씩 다르기 때문이다. 시간이 많이 걸리고 눈이 몹시 아플 뿐이다. 삼팔이의 새끼로 추정되었던 어린 돌고래의 등지느러미에는 아직 상처가 없었지만 그 생김새는 알아볼 수 있었고, 사진에 찍힌 등지느러미의 생김새가 항상 같은 것으로 보아 삼팔이 옆에서 발견되는 어린 개체를 동일한 개체로 간주해도 무방했다. 그럼에도 삼팔이 주변에서 새끼와 함께 나타나는 다른 암컷들의 새끼도 모두 확인해야 했다. 그러자니 상당한 시간이 걸렸다. 삼팔이와 새끼의 등지느러미를 오랫동안 들여다보니 왠지 둘의 등지느러미가 닮았다는 생각까지 들었다. 그렇게 한 달 이상 삼팔이와 그 새끼로 추정되는 개체의 사진을 확인한 결과 삼팔이가 낳은 새끼로 볼 수 있겠다는 결론을 내릴 수 있었다. DNA 검사를 하지 않아 100퍼센트 단정할 수는 없었지만 많은 사진을 통해 얻은 데이터도 우리의 추정을 지지하는 충분한 단서가 되었다.

그로부터 몇 개월 지나지 않아 삼팔이와 함께 방류 훈련을 받았던 춘삼이도 배냇주름이 있는 아주 작은 새끼와 발견되었고, 그후로 또 다른 방류 돌고래 복순이의 출산도 확인했다. 우리는 삼팔이와 춘삼이의 두 번째 출산도 확인했다. 매일같이 밤을 새우며 사진을 판독해야 했지만 말이다.

삼팔이와 춘삼이가 낳은 첫째와 둘째 새끼 사이에는 각각 약 3년과 5년의 시간 차가 있다. 그 시간 동안 어미와 첫 번째 새끼가 내내 함께 지냈는지는 알 수 없다. 분명한 사실은 새끼가 어미와 지내는 동안 무리의 돌고래들과 소통하면서 제주의 환경을 익히고 제주 남방큰돌고래 개체군의 일원이 되었다는 점이다. 그렇게 우리는 방류 돌고래 암컷들의 출산과 새끼들을 확인하면서 '제주 남방큰돌고래 어미-새끼 연구'를 시작할 수 있었다. 2015년부터 찍어 왔던 사진들을 분석하여 어미와 새끼를 구분하고 새끼가 몇 마리 태어났는지, 새끼의 사망률이나 암컷 개체들의 출산 간격 등 다양한 기초 생태 연구를 진행하고 있다.

'웃는 돌고래' 상괭이의 떼죽음

사실 돌고래는 얼굴 근육이 따로 없으니 표정도 있을 수 없는데, 상괭이는 우리 인간이 보기에 마치 웃고 있는 귀여운 표정처럼 보인다. '웃는 돌고래'라고 많이 알려진 상괭이 *Neophocaena asiaeorientalis*는 쇠돌고랫과 Family Phocoenidae에 속하는 소형 고래류로 한국에서 가장 많이 발견되는 종이다. 상괭이는 한국에서 가장 많이 혼획되어 죽는 해양 포유류로도 알려져 있다. 남방큰돌고래와 다르게 등지느러미가 없지만 등에서부터 꼬리까지 낮은 융기가 돌출되어 있다. 일본, 중국, 한국에 두루 분포하는데, 한국에서는 주로 서해와 남해 연안에, 일부는 동해 남부 연안에 서식한다. 연구에 따르면 혼획으로 인해 서해 연안에서만 60퍼센트 이상 감소하여 2004년 약 3만 6000마리로 추정되었던 개체수가 2011년에는 약 1만 3000마리로 감소했다. 제주도에서 가장 많이 좌초되어 사체로 발견되는 해양 포유류이기도 하다. 2016년부터 해양수산부는 상괭이를 해양보호생물로 지정해, 혼획을 막기 위한 상괭이 탈출망을 연구·지원하고 상괭이 서식 실태 조사도 벌이고 있다.

상상할 수 없을 정도로 많은 상괭이가 한국 바다에서 가장 많이 죽고 있다는 사실이 피부에 와 닿지 않을 수도 있다. 내 눈 앞에서 벌어지는 일이 아니기 때문이다. 하지만 그 큰 죽음의 숫자를 눈으로 직접 확인했을 때 받았던 충격은 영원히 잊지 못할 것이다. 태안 지역에서는 혼획되거나 좌초된 상괭이를 허가받은 한 위탁 관리 업체에서 폐기 처분하고 있었다. 우리는 그 업체에 찾아가 2021년 태안 지역에서 3월부터 6월까지 혼획되거나 좌초된 상괭이 사체들을 측정하고 분석할 기회를 얻었다. 창고 같은 대형 냉장고 문을 열고 들어간 공간에는 200마리가 넘는 상괭이 사체가 겹겹이 쌓여 있었다. 해양 포유류 사체 냄새에 익숙하다고 생각했지만 눈으로 마주한 현실에 충격을 받아서인지 냉동 상태임에도 불구하고 마스크를 뚫고 들어오는 냄새가 참기 어려울 정도로 역겨웠다. 상괭이 사체를 대량으로 보관한다는 창고가 있다는 소식을 들어 왔기에 마음의 준비를 단단히 하

태안 지역에서 혼획되거나 좌초된 상괭이 사체가 줄지어 있다.

고 갔음에도 불구하고 창고 가득 쌓여 있는 상괭이들을 보자 눈물을 참을 수 없었다. 충격이었다. 인간의 이기심이 낳은 참혹한 장면이었다.

상괭이 사체는 200구가 넘는데 우리가 측정을 진행할 수 있는 시간은 이틀뿐이었다. 최대한 빠르고 신속하게 움직여야 했다. 우선 상괭이의 몸길이, 성별, 외부 기생충 등을 기록하고 사진으로 남겼다. 한 지역에서 3월부터 6월까지, 4개월 만에 수거된 사체의 수는 총 223마리, 그리고 그중 97퍼센트는 길이가 120센티미터가 채 되지 않는 미성숙 개체였다. 한 지역에서 불과 4개월 만에, 오로지 혼획으로, 이만큼의 상괭이가 사라져 갔다면 연간으로는 전국적으로 혼획되어 죽는 개체가 얼마나 된다는 것일까?

2015년부터 2019년까지 전국적으로 연평균 1100마리의 상괭이가 죽었다. 그중 혼획으로 인한 폐사는 연평균 약 909마리다. 그런데 사실 이제는 상괭이가 실제로 얼마나 혼획되는지 정확히 파악하기 어려워졌다. 상괭이가 해양보호생물로 지정된 후로는 식용하거나 활용하는 것이 금지되었으므로 어민이 죽은 상괭이를 발견하면 해양경찰에 신고해야 한다. 그러자면 경위서를 작성하는 등의 번거로운 일만 겪게 되니 혼획된 상괭이 사체는 대부분 바다에 그냥 버려진다. 그 때문에 혼획되어 죽는 개체를 정확히 파악하는 일이 한층 더 어려워진 것이다. 이런 가운데 정부는 상괭이를 보호하기 위해 서식 실태 조사, 해양 포유류 혼획 저감 어구 보급, 구조·치료 기관 운영 등 보호 대책을 추진하고 있다. 가장 눈에 띄는 활동 중 하나는 상괭이 혼획 저감 어구를 만들어 어민들에게 보급하는 노력이다.

200여 마리의 상괭이 사체를 한 마리씩 바닥에 뉘어 놓고 데이터를 기록하던 중 잠시 쉬는 중이었다. 그늘에 앉아 쉬며 처음으로 살아 있는 상괭이를 바다에서 관찰했을 때가 떠올랐다. 일본 구마모토의 작은 항구였는데, 푸른 바다에서 살아 숨 쉬는 상괭이를 보고 있다는 것만으로 감동이었다. 구마모토의 작은 항구에서는 상괭이를 일 년 내내 볼 수 있다. 해가 지는 시간쯤 가장 많이 관찰되는데 계절에 따라 적으면 몇 마리, 많으면 30여 마리가 모이기도 한다.

상괭이는 수면으로 올라오는 시간이 짧고 육지에서 맨눈으로 관찰하기가 힘든 편이라 우리는 드론으로 행동 관찰을 진행했다. 항구의 입구 쪽에서 상괭이가 가장 많이 출현했는데 주로 관찰되는 행동은 사냥과 사회 행동이었다. 다양한 사회 행동을 봤지만 유독 머릿속에 남은 것은 서로 몸을 비비며 친밀감을

아주 가까운 거리에서 함께 유영하거나 수중에서 몸을 비비는 등의 행동은 친밀한 관계를 맺은 개체 간에 나타나는 행동이다.

드러내는 듯한 행동이다. 상괭이는 등지느러미는 없지만 등 중앙쯤에서 시작되는 낮은 융기가 꼬리까지 돌출되어 이어진다. 이 융기를 따라 오돌토돌 작은 돌기가 있는 것이 특징이다. 돌기는 융기와 비슷한 지점에서 시작하는데, 지금까지는 이 돌기가 정확하게 어떤 역할을 하는지 알아내지 못했다. 다만 여러 연구자가 상괭이들이 몸을 비비는 행동을 할 때 이 돌기가 어떤 역할을 할 것이라 짐작한다. 돌기로 서로 몸을 쓸고 지나간다거나 돌기와 돌기를 맞대고 부딪치는 행동을 하기 때문이다.

상괭이는 다른 돌고래들의 병합된 목뼈와 달리 앞쪽 1~3번 목뼈만 병합되어 있어 다른 돌고래류에 비해 상대적으로 유연한 목을 가졌다. 유연한 목과 몸을 이용해 서로 감싸거나 몸을 부딪치며 돌기를 비비는 사회성 행동은 한국의 상괭이에서도 관찰된다. 상괭이는 지속해서 함께 움직이며 생활하는 무리의 규모가 10마리 이내인 것으로 알려져 있다. 구마모토에서는 여러 무리의 상괭이가 많이 모이는 날이면 10~30여 마리의 개체들이 큰 물고기 떼를 둘러싸고 사냥하는 장면도 목격할 수 있었다. 제주도 남방큰돌고래처럼 한 그룹이 함께 협력하여 먹이를 사냥하는 방식은 아니지만 많은 개체가 모여 한 곳에서 먹이를 먹는 장면이 인상 깊었다. 또한 물고기를 따라가다가 꼬리로 물고기를 세게 쳐 기절시킨 후 잡아먹는 것도 여러 번 관찰했다. 죽은 상

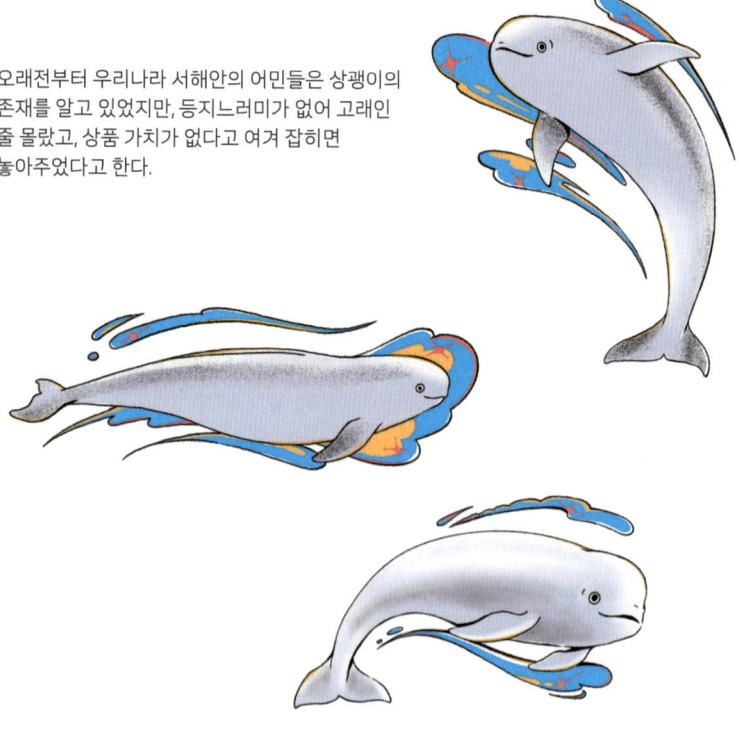

오래전부터 우리나라 서해안의 어민들은 상괭이의 존재를 알고 있었지만, 등지느러미가 없어 고래인 줄 몰랐고, 상품 가치가 없다고 여겨 잡히면 놓아주었다고 한다.

쾡이 사체만 만나다가 야생에서 빠르고 활기차게 사냥하며 다른 개체들과 사회성 행동을 나누는, 생생히 살아 숨 쉬는 상쾡이를 만나니 너무도 아름답고 멋있었다.

돌고래는 몸집이 작고 물속에서 쉼 없이 계속 움직여야 하기에 꾸준히 먹이를 먹는 것이 매우 중요하다. 상쾡이는 다양한 먹이를 먹는다. 서식지마다 조금씩 다르고 개체 간에도 약간의 차이가 있겠지만 어류와 두족류가 그들의 주된 먹이이다. 이 중에서도 어류가 가장 높은 비율을 차지하고 두족류, 새우 같은 작은 갑각류가 그 뒤를 잇는 먹이이다. 이처럼 다양한 먹이를 먹는 상쾡이는 계절에 따라 이동하는 먹이를 쫓아 계절별로 서식지를 옮겨 다닌다고 알려져 있다. 하지만 일본의 구마모토에서 관찰된 것처럼 특정 지역의 모든 개체가 한꺼번에 다른 지역으로 이동하는 것은 아니다. 고래연구센터에서 가덕도 주변 상쾡이의 분포를 연구한 결과 가덕도 남쪽 해안에서 상쾡이를 일 년 내내 관찰할 수 있었다. 그런데, 수온이 높은 여름(7월, 9월)에는 10마리 이내로 개체수가 관찰되지만 가을, 겨울, 봄 시즌(11월, 1월, 5월)에는 30마리 이상의 개체가 나타나는 것이 관찰된다. 모든 개체가 계절에 따라 서식지를 이동하는 것은 아니었지만 이동의 가능성을 확인한 것이다. 한반도를 둘러싸고 있는 바다와 섬 사이사이 상쾡이가 얼마나 분포하고 있으며 어떻게 이동하고 있는지에 대한 연구가 차근차근 진행되어야 하는 이유이기도 하다.

2005년 고래연구센터에서는 부산에서 구조된 후 SEA LIFE 부산아쿠아리움에서 16개월 동안의 재활을 마치고 방류된 '오월이'에게 위성 추적 장치를 부착했었다. 오월이가 방류된 후 7일 동안 수신된 신호를 분석한 결과 거제도에서 부산 가덕도,

부산 영도로 이동 후 포항 북동쪽 해안까지 이동하는 것을 확인했다. 또한, 일반적으로 상괭이는 가까운 연안이나 수심 100미터 미만의 서식지에서 발견된다고 알려져 왔으나 오월이를 추적한 결과 깊게는 수심 500미터까지도 사용한다는 것을 알게 되었다. 짧은 기간의 추적이었지만 이 연구는 상괭이의 유영 능력, 분포 그리고 서식지 이용 연구에 중요한 기초 자료를 제공했다.

　　상괭이 연구는 다른 돌고래류보다 한층 더 어렵다. 등지느러미가 없다 보니 유영할 때 큰 물결이 일지 않아 발견이 어렵고, 무리의 크기가 작다 보니 한 그룹을 오랫동안 관찰하기가 쉽지 않다. 그리고 가장 어려운 점은 개체 식별이 어렵다는 점이다. 등지느러미가 없을 뿐만 아니라 몸에 개체를 식별할 수 있는 정도의 상처가 있지 않은 이상 생김새가 다른 부분이 많지 않아 개체 식별이 매우 힘들다. 그렇다 보니 한 개체와 다른 개체의 관계성을 보는 사회성 연구도 어렵다. 게다가 서해, 동해, 남해 전역에 넓게 분포하니 적은 무리가 섬과 섬 사이에서 넓게 퍼져 있기도 하다. 상괭이가 발견되는 전 해역을 모니터링하기란 참 어려운 일이다. 어떻게 보면 남방큰돌고래 연구보다 훨씬 어렵다. 하지만 국내 상괭이의 상태를 정확히 파악하고 인간과의 관계를 제대로 이해하기 위해서는 더 다양한 연구와 모니터링이 더 많은 지역에서 진행되어야 한다. 각 분야에서 이루어지는 그러한 노력이 꾸준히 진행되어야만, 한 해에 천여 마리 이상 상괭이가 죽는 것을 줄여나갈 수 있을 것이다.

돌고래의 애도

남방큰돌고래처럼 사회성이 높고 무리 생활을 하며 무리 내의 개체들과 다양한 관계를 형성하는 해양 포유류에서는 가끔 '애도 행동'이 발견된다. 제주에서는 간혹 어린 돌고래 사체를 반복적으로 수면 위로 밀어 올리는 행동을 하거나, 며칠 동안 죽은 새끼 곁을 떠나지 않고 지키는 개체가 발견된다. 이러한 행동은 주로 어미와 새끼 사이에서 나타나는 경우가 많다. 특히 어린 돌고래의 사체를 물 위로 밀어 올리는 행동은 아직 유영이 힘들고 부력 조절이 서툰 새끼를 도와주는 어미의 행동과 비슷한데, 이러한 모습은 새끼의 죽음을 인지하지 못했거나 죽음을 인정하지 못해서, 혹은 강한 애착으로 죽은 새끼를 떠날 수 없어서 나타나는 어미의 행동으로 해석된다. 새끼는 출생 후 어미와 밀착해 양육되는데, 그 몇 년 동안 형성되는 둘 사이의 강한 애착과 유대감은 새끼의 생존에도 중요하지만 어미에게도 중요한 요소로 보인다. 그러한 강한 애착과 유대감으로 얽힌 관계가 단절된 후에 보이는 이러한 애도 행동은 단순히 새끼를 잃었다는 비통함을 넘어서는 의미가 있는 것은 아닐까, 조심스러운 추측을 해본다.

시월이가 죽은 새끼를 끊임없이 밀어 올리고 있다.

2014년 10월이었다. 돌고래 사체가 바다에 부유하고 있다는 해경의 연락을 받고 발견 지점으로 찾아갔다. 돌고래 두 마리가 있었다. 한 마리는 조금 불규칙하게 유영하는 모습이었고, 다른 한 마리는 브리칭하듯 연속해서 뛰어오르고 있었다. 잠시 후, 우리는 사진을 찍어 확대해 보고서야 뛰어오르는 개체가 어딘지 이상하다는 것을 알아챘다. 뛰어오르면서 자연스럽게 생기는 몸통의 휘어짐이 없었다. 얼굴 부분의 색도 이상했다. 왜 혓바닥이 부어 있는 것 같은지, 왜 입이 다물어지지 않고 벌어진 채였는지 곧 깨달았다. 뛰어오르는 것처럼 보였던 돌고래는 죽어 있었다. 불규칙하게 사체 주변에서 움직이던 돌고래는 끊임없이 돌고래의 사체를 밀어 올리거나 밀어내고 있었다. 후에 우리가 10월에 만났다고 해서 '시월이'라는 이름을 붙여준 남방큰돌고래다. 시월이는 죽은 돌고래가 너무 얕은 곳으로 흘러가지 않도록, 다가오는 선박에서 최대한 멀리 떨어지도록 쉼 없이 사체를 밀어내는 동작을 하고 있었다. 그 밀어내는 힘에 떠밀려 죽은 돌고래가 브리칭하듯 수면 위로 튕겨 오른 것이다.

　　우리는 그날부터 사흘 동안 매일 해가 질 때까지 시월이를 지켜보았다. 풍랑주의보가 예보된 바다는 점점 파도가 거칠어지는데, 가을하늘은 구름 한 점 없어 수면에 내려앉은 햇살에 눈이 부셨다. 파도 사이에서 이따금 드러나는 등지느러미와 가끔 튀어 오르는 죽은 돌고래를 사흘 내내 한 장소에서 가만히 지켜보는 일은, 그것을 하나의 데이터로 간주해야 한다고 아무리 되뇌어도 힘겨웠다. 정확히 표현하기 어려운 먹먹한 감정 속에서 우리는 선박이 접근할 때마다 불안하게 마음을 졸였고, 죽은 돌고래만 지키는 시월이가 뭐라도 먹기를 바랐다. 그러나 시월이는

식음을 끊고 죽은 새끼를 데리고 다니는 시월이를 구하기 위해 새끼의 사체를 회수할 수밖에 없었다.

먹이를 사냥하는 행동은 전혀 보이지 않고 오로지 죽은 새끼만 지키고 있었다.

풍랑주의보가 발효되기 하루 전, 신고를 처리해야 하는 해경과 함께 죽은 돌고래 사체를 회수하려고 모터보트를 타고 접근했다. 죽은 돌고래를 끌어오기 위해 배 옆에 사체를 묶어 매달았다. 배가 항구를 향해 출발하자 죽은 돌고래를 지키던 시월이가 선박에 바짝 따라붙었다. 모터보트가 내는 소음 때문에 배 안의 사람들은 말을 나누기 힘들 정도였는데도 뒤따르는 시월이의 높은 휘슬음은 끊임없이 들려왔다. 모터보트 속도가 조금 느려지기라도 하면 돌고래는 보트의 몸체를 들이받았다. 죽은 돌고래를 보트에서 떼어내려는 것 같았다. 놀이 행위의 일환으로 선수파 타기를 하는 돌고래를 제외하면 그렇게 선박에 붙어 따라

오는 돌고래를 본 적이 없었다. 수면 위에서도 들릴 만큼 큰 휘슬 소리를 끊임없이 내는 돌고래도 본 적이 없었다. 돌고래가 비명을 지르며 따라오는 것 같았다. 모터보트의 외부가 말랑해서, 딱딱한 나무가 아니어서 그나마 다행스러웠다.

시월이의 이런 행동은 고래류에서 종종 보고되는 '애도' 행동으로 보인다. 고래류 외에 영장류, 코끼리를 포함한 다양한 포유류와 조류에서도 애도 행동이 관찰된다. 과거 동물행동학에서는 이러한 애도 행동에 '다른 개체의 사망이나 죽음에 대한 반응으로 나타나는, 기존의 일상적 행동과 차이를 보이는 행동'이라고 최대한 감정을 제외한 중립적인 정의를 내려 왔다. 그러나 애도 행동으로 보이는 케이스가 늘어날수록 인간이 느끼는 것과 같은 감정이 동물의 애도 행동에도 포함될 수 있다는 의견이 늘고 있다. 그러나 동종인 다른 인간의 감정을 아는 것도 어려운 우리가 동물의 감정을 정확하게 알아채고 정의하기란 쉽지 않다. 하지만 '슬픔'의 감정이 포함된 동물의 애도 행동을 정의하기 위해 불완전하게나마 제시되는 조건은 있다. 즉 최소한 두 마리 이상의 동물이, 짝짓기나 섭식처럼 생존을 위한 행동에 국한되지 않으면서 함께 시간을 보내야 한다. 또한 한 마리가 죽었을 때, 다른 남은 개체가 늘 해 오던 일상적이고 정상적인 행동에 변화가 따라야 한다. 행동의 변화 양상은 개체마다 다르게 나타나기도 한다. 이런 변화는 일시적으로 짧게 나타날 수도 있지만, 때에 따라서는 수일에서 수주간 지속되기도 한다. 동료나 짝 혹은 새끼를 잃은 동물의 슬픔을, 그들의 죽음을 일관된 데이터로 옮기고 해석하기가 어려운 이유다.

시월이를 만난 후로도 가끔 제주에서는 죽은 새끼를 주둥

죽은 새끼를 데리고 다니는 남방큰돌고래.

이에 얹고 이동하거나 들어 올리려는 행동을 하는 돌고래들이 발견된다. 하지만 그러한 행동을 모두 "애도 행동입니다" "이 돌고래가 슬퍼하고 있습니다"라고 섣불리 단언하지는 못한다. 죽음 주변의 모든 비일상적인 행동을 애도 행동으로 보는 것도 잘못된 해석일 수 있기 때문이다. 2018년 이탈리아 파도바대학교의 지오반니 베어지 교수 연구팀은 학술지 《동물학》에 1970년부터 2016년까지 30년이 넘는 기간 동안 전 세계에서 보고된, 고래류에서 나타난 죽은 개체에 대한 행동 반응 78건에 관한 연구 결과를 발표했다. 총 20종에 달하는 고래류에서 이러한 행동이 보고되었는데, 이 중 혹등돌고래속Sousa과 큰돌고래속Tursiops에 속한 돌고래들이 55.1퍼센트로 절반 이상을 차지했다. 이렇게 수집된 죽은 개체에 반응하는 행동은 대체로 죽은 개체와 거리를 가까이 유지하는 행동, 부드러운 혹은 거친 방식으로 육체적 접촉을 반복하는 행동, 죽은 개체를 수면 위로 밀어 올리거나 수면 위에 떠 있는 개체를 수면 밑으로 누르는 행동, 죽은 개체를 데리고 다니는 행동 등이었다. 총 78건 중 28건에서 성별이 확인됐는데, 암컷이 죽은 새끼나 미성숙 개체에 대해 보이는 행동이 75퍼센트로 높게 나왔고, 수컷에서도 죽은 개체에 대한 행동 반응이 관찰되었다. 암컷의 행동은 대부분 생기가 없거나 아픈 새끼를 회복시키고 보호하려는 시도로 보였다. 암컷의 이러한 반응은 개체 생존에 도움이 되는 행동으로서의 가치(적응적 가치)가 있다고 볼 수 있다. 죽지 않은 새끼를 살릴 기회로서의 가치가 있기 때문이다. 그리고 이러한 행동이 죽은 새끼를 대상으로 해서도 나타날 수 있다. 그러나 오랫동안 죽은 개체 주변에 머물며 사체를 방어하거나 데리고 다니는 행동 등은 에너지만 소모할 뿐 진화적 관점에서 적응도fitness를 높이는 데 기여하지 않는 듯 보인다. 그럼에도 나타나는 애도 행동에 대해 연구팀은, 강한 애착 때문에 '분리'에 어려움을 느끼거나, 개체의 죽음을 알아차리지 못하는 경우 혹은 죽음을 부정하는 경우로 추정했다. 그리고 이러한 행동은 앞서 설명한 '슬픔'의 감정이 포함된 애도 행동의 정의에도 부합한다. 생존은 물론 고차원의 사회적 행위를 함께 나눈 개체의 죽음에 대한 슬픔의 감정이 포함된 반응이며, 이러한 반응은 비단 암컷에만 국한되지 않고 같은 무리의 다른 개체들에서도 나타날 수 있다.

    다만 죽은 개체에 반응하는 수컷의 행동은 암컷과는 다른 관점에서 접근할 필요가 있다. 성별이 알려진 사례 중 25퍼센트는 수컷이었는데, 죽은 성체나 준성체에 성적 관심을 보이는 행동, 죽은 새끼 사체를 암컷 주변에서 데리고 다니는 행동을 보였다. 수컷의 이런 행동을 애도로 해석하는 데는 주의를 기울여야 한다. 애도 행동인 경우도 있지만, 수컷끼리의 경쟁에서 패배해 죽은 상대를 향해 보이는 행동이거나, 돌고래류에서 나타나는 '영아 살해'와 같은 행동일 수도 있기 때문이다.

    2008년 국립수산과학원 산하 고래연구소는 울산 앞바다에서 발견한 참돌고래 무리에서 애도 행동을 관찰했다. 돌고래 여러 마리가 나란히 늘어서 전혀 움직이지 않는 암컷 돌고래의 몸을 아래에서 받쳐 올린 채 헤엄치고 있었다. 40분가량 지나 암컷 돌고래 몸에 사후 강직이 일어난 뒤에도 주변의 돌고래들은 몸을 문지르거나 아래쪽에서 공기 방울을 뿜어 올렸다. 무리에 속한 개체에 대해 집단적인 구호-애도 행동이 이루어지는 장면을 국내에서 처음으로 관찰한 사례였다.

    사체를 두고 고래류가 보이는 애도 행동, 죽은 개체에 대한 반응은 사회적 맥락과 개체의 성격을 함께 반영하는 경향이 있다. 개체 간에 어떤 관계가 형성되어 있었는지, 얼마나 단단한 유대를 쌓아 왔는지, 그러한 관계를 인지할 수 있는지도 포함된다. 또한 그러한 상황에 놓인 개체의 성격에 따라서도 표출 방식은 달라질 수 있다. 아무리 단단한 관계를 오랫동안 쌓아 온 것처럼 보여도 어떤 개체는 동료나 새끼의 죽음에 무관심한 것처럼 보이기도 하고, 또 어떤 개체는 오랜 기간 상실의 충격을 드러내기도 한다. 실제로 슬픔을 느끼고 애도하는 데 보내는 시간은 생존을 위해 먹이를 찾거나, 포식자 등 위험을 피하거나, 짝짓기를 하는 데 사용하는 에너지를 쓸데없는 일에 소모하는 것처럼 보이기도 한다. 하지만 집단의 유대를 공고히 하여 더 안정적인 관계를 유지하는 데 도움이 된다는 점에서 진화적으로 의미를 갖는다.

    시월이는 2016년 새로운 새끼와 발견되었다. 엄마 몸길이의 반이나 될까 싶은 새끼가 토실토실 살이 올라 있는 것을 보니 우리가 시월이를 볼 때마다 느끼던 무거운 마음을 내려놓을 수 있었다. 그런데 어느 날 새끼의 등지느러미가 꺾여 있는 게 아닌가. 토실토실하게 올랐던 살도 약간 빠져 있었다. 돌고래는 생각보다 튼튼하고 상처를 꽤 빨리 회복하는 동물이다. 프로펠러에 등이 움푹 패는 큰 상처를 거뜬히 회복하기도 하고, 낚싯줄이나 프로펠러에 걸려 등지느러미가 반쯤 잘려 나가도 문제없이 다니는 녀석들도 있다. 당장 시월이만 해도 등지느러미에 프로펠러와 충돌해 생긴 것으로 추정되는 상처가 있다. 그래서 시월이의 새끼가 잘못되리라는 예상을 하지 못했다. 2주쯤 지난 어느 날부터 시월이의 옆에서 꺾인 등지느러미를 볼 수 없었다.

    새로운 상실을 시월이는 어떻게 받아들였을까? 그로부터 또 몇 년이 지났고 시월이는 새로운 새끼를 낳아 기르고 있다. 시월이가 과거의 상실과 비통함을 기억할지, 기억한다면 어떻게 느끼고 있을지 궁금하다. 시월이는 우리가 관찰하고 있는 동물이 그저 하나의 데이터가 아니라 고유한 존재임을 깨닫게 해준 돌고래이기도 하다. 이들을 관찰할 때 좀 더 감정을 누르고 객관적인 데이터로 보도록 훈련받았고 그렇게 연구 활동을 하고 있지만, 이런 과정에서 발견하고 배우는 시간을 통해 이들을 있는 그대로 이해할 수 있게 되기를 바란다. 인간의 사회에서도 집단과 문화마다 상실의 표현이 상이하다. 돌고래를 관찰하는 시간은 우리 인간이 그런 것처럼, 돌고래와 다른 모든 동물 또한 다양한 감정과 표현 방식을 가진 존재임을 이해해 가는 시간이다.

3장
해양 생물 연구의 현장, 연구자의 삶

아무튼, 카메라!

제주도에서 처음 연구를 시작했을 때 가장 먼저 배우고 익혔던 스킬은 육지에서 남방큰돌고래 무리를 찾아 행동을 관찰하는 방법과 돌고래를 찍는 방법이었다. 연구에서 요구되는 사진을 찍고, 행동을 오류 없이 관찰하기 위해서는 최소 두 달 이상의 훈련 기간이 필요하다.

 이상적인 사진을 찍기 위해서는 남방큰돌고래 무리를 찾은 후 등지느러미가 잘 보일 수 있는 장소로 이동한다. 우리는 사진을 찍을 때 두 눈을 모두 뜬 채로 찍는 훈련을 했다. 오른쪽 눈은 뷰파인더를 보고, 왼쪽 눈은 바다를 본다. 오른눈으로는 뷰파인더 초점에 돌고래의 등지느러미가 잡히는지 살피고, 왼눈으로는 다른 돌고래들의 움직임을 좇으며 행동을 예측한다. 다음 순서로 그 돌고래를 찍어야 할지도 모르기 때문이다. 초반에는 다른 돌고래의 움직임을 좇기는커녕 뷰파인더에 포착된 돌고래 등지느러미에도 초점을 정확히 맞추지 못해 허둥댔다. 그래도 꾸준히 연습하니 뷰파인더 속 돌고래와 다른 공간의 돌고래들을 한꺼번에 비교, 확인하며 연구 자료로 활용할 수 있는 사진을 찍게 되었다.

 촤라라라라라락. 집중해서 거침없이 연사로 남방큰돌고래

의 등지느러미와 행동을 찍다 보면 어느 순간 갑자기 등골이 싸해지는 순간이 있다. 오늘은 몇 장이나 찍었을까. 매일같이 수천 장의 사진이 쌓여 가는 것을 보면 '이렇게 많은 데이터를 언제 다 분석하지?'라는 생각으로 괴롭다. 하지만 한편으론 그간 모으고 분석해 놓은 데이터에 새로운 정보들이 추가되는 것이 뿌듯하기도 하다. 왜 이렇게까지 많은 사진을 찍는 것일까?

앞서 언급했듯 우리는 남방큰돌고래의 등지느러미를 보고 개체를 식별한다. 만약 오늘 만난 남방큰돌고래 무리가 30마리 정도라면 관찰하는 모든 개체의 등지느러미 사진을 찍는다. 등지느러미의 주인을 확인하려면 돌고래 앞이나 뒤에서 찍은 사진보다 옆면 사진이 유리하다. 우리는 돌고래의 옆면 외에도 최대한 다양한 부위의 사진을 찍기 위해 생각보다 많은 사진을 찍는다. 등지느러미를 보고 개체 식별만 하면 된다면 사진을 수천 장이나 찍을 필요가 없을지도 모르지만, 사진을 통해 얻을 수 있는 다른 데이터가 더 있다. 그중 하나가 돌고래의 먹이다.

돌고래 연구에 발을 들인 지 얼마 되지 않았을 때였다. 누구였는지 정확하진 않지만 우리 중 한 명이 사진을 찍던 중 카메라 뷰파인더 속 저 멀리에서 돌고래 한 마리가 기다란 무언가를 물고 수면 위로 뛰어오르는 모습을 보았다. 돌고래가 입에 문 것이 무언지도 모른 채 셔터 소리가 정신없이 이어졌다. 잠시 뒤, '퍽!' 수면에 무언가가 내동댕이쳐졌고, 그 순간 물보라가 일었다. 곧이어 토막 난 물고기 내장, 살점 등을 입 한가득 물고 올라오는 남방큰돌고래들을 사진에 담을 수 있었다. 당시 배 위에서 보던 돌고래의 거친 모습을 현장 기지로 돌아와 생생한 사진으로 확인해보았다. 남방큰돌고래가 수면을 향해 휘두르며 내리친

2미터 넘게 자라는 만새기를 사냥해 먹기 좋게 찢은 후 입에 물고 올라온 남방큰돌고래를 보면 귀여운 돌고래의 이미지를 부정하게 된다.

것은 만새기였다. 그것도 길이가 1미터가 넘는 큰 놈이었다. 남방큰돌고래는 먹기 쉽도록 만새기를 기절시키고, 커서 한 번에 먹지 못하니 삼킬 수 있는 크기로 쪼개기 위해 열심히 휘두르며 패대기친 것이다.

남방큰돌고래의 먹이는 다양한 어류와 두족류라고 알려져 있다. 다양한 먹이 중에서도 이렇게 사진을 통해 확인할 수 있는 먹이는 아주 일부분일 뿐이다. 일부분이지만 확인할 수 있다는 점에서는 중요한 정보이다. 남방큰돌고래는 먹이를 잡아 한 번에 삼키거나, 그러지 못하는 경우에는 수면에 패대기쳐 조각내어 삼킨다. 자리돔, 전갱이, 고등어, 오징어처럼 한 번에 삼켜서 먹을 수 있는 작은 크기의 먹이를 먹는 모습은 사진으로 남기기 어렵다. 반면 광어, 갈치, 방어처럼 크기가 커서 돌고래가 한

번에 삼키기 힘든 먹이를 먹는 모습은 더러 사진에 찍힌다. 이런 이유로 뷰파인더 속으로 돌고래가 입에 무언가를 물고 나타나면 더욱더 열심히 셔터를 누르게 된다. 가끔은 해조류처럼 먹이가 아닌 것을 물고 올라오는 모습이 찍혀 있지만 대개는 먹이를 물고 올라온 모습이다. 가장 정확한 돌고래의 먹이 연구 방법은 돌고래의 사체를 해부하여 위장 속 내용물을 확인하는 것이다. 그러나 제주 남방큰돌고래를 해부할 기회는 매우 드물다. 감나무 아래 드러누워 감이 떨어지기를 기다릴 게 아니라, 평소에 차근차근 현장 사진을 확보해 두는 편이 낫다. 그렇게 확보한 현장 사진을 통해 모은 데이터가 중요한 단서가 되기도 한다.

남방큰돌고래를 관찰하다 보면 다양한 형식의 공중 행동 aerial behavior(물 위로 뛰어오르는 행동)을 목격한다. 공중 행동은 돌고래의 사회 행동 중 나타나기도 하지만, 그저 빠른 속도로 이동하기 위해 수면 위로 뛰어오른 것일 때도 있다. 공중 행동이 보이면 조금 더 높이, 거듭 뛰어오르는 개체를 찾아 필사적으로 카메라 셔터를 누른다. 그 행동 자체를 기록하기 위해 사진을 찍는 것이기도 하지만 육상에서 대부분의 모니터링을 진행하기 때문에 확인하기 힘든 돌고래의 배 부분을 기록하려는 목적도 있다. 배 부분이 잘 나온 사진이 있다면 생식기가 있는 부위의 모양을 확인해 성별을 알아낼 수 있다. 암컷의 배에는 생식기, 항문과 함께 젖이 숨겨져 있는 작은 틈이 있다. 수컷은 생식기가 노출되지 않고 숨겨져 있는데, 생식기가 숨겨진 틈이 암컷보다 조금 더 긴 편이다. 수컷은 필요할 때 생식기를 외부로 노출할 수 있고, 이 경우에는 배 부위 전체가 촬영되지 않더라도 성별을 확인할 수 있다. 성별을 확인했다면 어떤 개체인지도 확인해야 한다. 배 부위와 등지느러미가 한꺼번에 모두 잘 찍히는 경우가 많지 않아, 더욱 열심히 연사로 찍곤 한다. 이렇게 찍은 배 부분의 사진으로는 또 다른 중요한 기초 데이터인 개체의 연령을 추정할 수 있다.

가장 가까운 친척인 큰돌고래와는 다르게 남방큰돌고래는 나이가 들면서 배에 반점이 생긴다. 일본 미쿠라섬과 오스트레일리아 샤크만에서 수행된 연구에 의하면 갓 태어난 남방큰돌고래 새끼의 배면에는 반점이 없다. 어느 정도 나이가 들면 생식기 주변부터 반점이 생기기 시작해 다음으로는 배 중간쯤에서 나타나고, 나이가 들수록 배 전체로 퍼져 나간다. 반점의 모양은 둥근형, 타원형 등으로 다양하다. 일본 미쿠라섬 개체군의 경우 암컷은 평균 여섯 살, 수컷은 일곱 살부터 반점이 생기기 시작한다. 오스트레일리아 샤크만 개체군은 암수 모두 평균 열 살부터

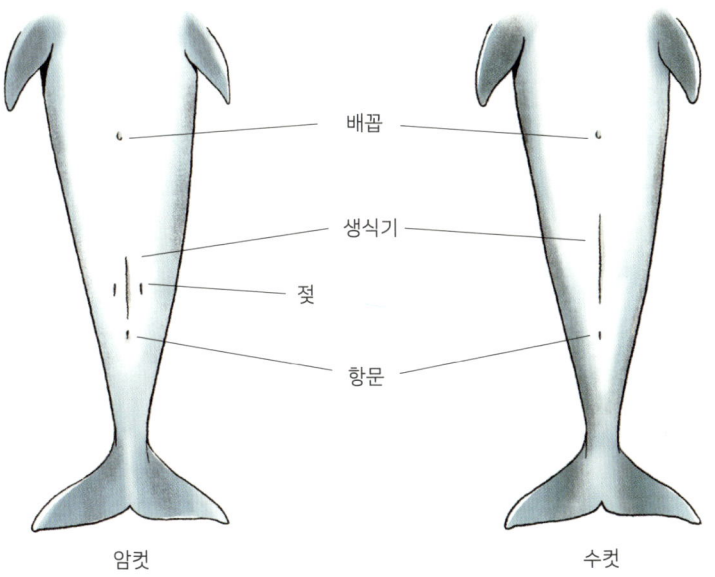

암컷   수컷

반점이 생기기 시작하는데 가장 이르면 일곱 살부터, 가장 늦게 반점이 생기기 시작한 나이는 열두 살이었다. 미쿠라섬과 샤크만의 개체군은 나이가 들수록 반점이 점점 더 많아졌으며, 생식기 부위에서 시작해 배, 가슴, 머리 아랫면, 주둥이 아랫면 순서로 나타났다. 이처럼 미쿠라섬의 개체군은 나이에 맞추어 반점이 생겨나는 단계를 다섯 개의 범위로 나누어 그 분포 범위에 따라 대략의 연령대를 추정할 수 있게 되었다. 안타깝게도 반점의 생성 시기나 패턴은 개체군마다 조금씩 다르므로 미쿠라섬이나 샤크만에서 얻은 정보를 제주도의 남방큰돌고래의 데이터로 직접 적용하기는 어렵다. 하지만 생식기 부위부터 지느러미 주변까지 반점이 잔뜩 있는 개체를 발견한다면 충분히 나이 든 개체로 단정 지어도 틀리지 않는다.

  돌고래의 정확한 나이를 측정하는 방법은 여러 가지다. 죽은 개체의 이빨이나 뼈를 분석하기도 하고, 살아 있는 개체의 유전자 샘플을 채취하여 텔로미어 서열 분석이나 DNA 메틸화 분석 등을 시행하기도 한다. 사진도 돌고래의 나이를 파악하는 데 사용된다. 앞서 설명한 배 부위 반점을 확인하는 것 외에도 사진을 활용한 방법으로는 사진측량법photogrammetry이 있다.

  사진측량법은 사실 돌고래의 나이보다는 돌고래의 크기를 정확하게 측정하는 방법이다. 개체군에 속한 개체의 형태학적 측정을 정확히 하는 것은 개체군의 다양한 생태적 특징은 물론, 한 집단의 건강 상태 등을 파악하기 위해서도 중요하다. 하지만 야생동물을 직접 포획하지 않고 간접적으로 측정하기란 쉽지 않다. 특히 돌고래처럼 물속에 사는 생물을 측정하기란 더욱 어려워 전 세계 연구자들이 적합한 측정 방법을 모색해 왔다. 그중 가장 정확하다고 알려진 방법이 레이저 사진측량법이다.

　레이저 사진측량법은 생태 연구가 이루어지는 많은 공간에서 사용되어 온 측정 방식이며 최근 들어 야생에서 성공적으로 해양 포유류를 측정하고 있는 방법이기도 하다. 이론적으로는 간단하다. 레이저 포인터 두 개를 일정한 간격을 두고 카메라에 고정시킨다. 촬영할 때 그 레이저 포인터가 일정한 간격으로 찍힐 수 있도록 한다. 돌고래 등지느러미에 초점을 맞추어 사진을 찍었을 때 등지느러미에 나타난 레이저 포인터의 간격이 일정하다면 등지느러미의 길이와 폭, 분기공(공기 분출 구멍)에서 등지느러미까지의 길이 등을 계산할 수 있다. 이러한 몸의 부위별 비율을 비교하면 개체가 얼마나 큰지, 얼마나 자랐는지를 추산할 수 있다. 오스트레일리아와 스코틀랜드에서 수행된 남방큰돌고래와 큰돌고래 연구에 따르면 좌초된 개체들의 형태학적 측정을 통해 확보한 데이터를 토대로 분기공에서 등지느러미까지의 길이로 상당히 정확하게 몸길이를 예측할 수 있었다. 이러한 측정값은 사체의 이빨 등을 통한 나이 분석 자료와 함께 활용하면 꽤 정확한 정보를, 비침습적으로, 장기간에 걸쳐 제공한다. 측정값이 많아질수록 정확한 연령별 생장 곡선을 얻을 수 있다.

　우리도 이 방법을 시도한 적이 있다. 다만 제주도의 여건이 이 연구를 하기에는 어려운 점이 있어 아직도 개선 방안을 고민 중이다. 우선 지금까지 좌초된 개체가 많지 않은 데다 부패 등의 원인으로 사체의 상태가 온전하지 않아 정확한 형태학적 측정이 이루어진 사례가 충분히 많지 않다. 이런 이유로 길이를 예측하거나 나이를 예측할 때 다른 개체군의 데이터를 참고해야 한다는 문제가 있다. 남방큰돌고래 개체군은 사는 지역에 따라 성체의 몸길이와 전체적인 생김새에서 조금씩 차이가 나므로 다른 지역의 정보를 그대로 가져다 쓸 경우에는 예측이 잘못될 가능성이 커진다. 또한 피사체(돌고래)가 너무 멀리 있거나 안개가 끼는 등 바다의 기상 상태에 따라 레이저가 잘 보이지 않기도 한다. 파도가 치거나 돌고래가 만드는 물살이 정확하게 돌고래의 몸에 나타나야 하는 레이저를 가리기도 한다. 돌고래가 멀어지면 멀어질수록 두 레이저 포인터 사이의 일정한 간격을 유지하기가 힘들어서 지금까지 진행된 연구들에 따르면 최소한 30~50미터 이내 거리에서 사진을 찍어야만 유효한 측정이 가능했다. 레이저의 강도를 높이면 되지 않을까 하는 생각이 들 수도 있지만, 돌고래에 아무 영향이 없는, 안전성이 검증된 강도의 레이저를 사용해야 한다. 지금까지 측정에 사용하고 있는 레이저는 사실 밝은 대낮에, 바다에서 사용하기에는 약하기 그지없다.

결국 사진만으로 개체의 상태, 나이, 크기, 생태를 파악하는 데는 긴 시간과 많은 노력이 필요하고 한계가 분명히 존재한다. 그러나 촬영하고, 걸러내고, 정리하고, 분석하여 얻은 정보를 다른 자료와 함께 활용하면 더 의미 있는 결과를 도출할 수 있다. 하루 수천 장의 사진 중에 두어 장 건진 돌고래 배면 사진을 모으다 보면 한두 개체의 성별이나 추정 나이를 얻게 된다. 어쩌면 미련하다 싶을 정도로 느리게 모이는 데이터지만 어느새 차곡차곡 모여 수십 마리의 나이와 성별을 파악할 수 있게 되었다. 드물게 발견되는 좌초 개체에서 얻은 데이터가 쌓이고, 함께 연구하는 동료들이 늘어나는 가운데 우연히 찍은 사진을 제공하는 시민들의 도움까지 더해진다면 제주 남방큰돌고래 개체군에 대한 자료는 더욱 많이 쌓일 것이다.

담이가 담이가 된 사연

"돌고래가 또 원담에 들어왔어요."

2017년 9월 18일, 제주 구좌읍 행원리 원담에 돌고래 두 마리가 들어와 갇혀 있는 것 같다는 연락을 받았다. 설마 하는 마음으로 행원리로 출발했다. 늦은 오후가 되어 도착했는데, 돌고래 두 마리가 원담 안에서 먹이를 먹고 있었다. 사진을 찍어 확인했다. '담이'였다! 이튿날, 돌고래들이 무사할지 걱정하며 다시 원담을 찾았지만, 두 마리 모두 바다로 돌아간 뒤였다.

그로부터 한 달쯤 지난 10월 24일, 제주의 남방큰돌고래 연구자들이 모두 제주도를 비운 날, 돌고래가 다시 원담에 들어왔다. 해경은 그 뒤로도 10월 27일과 30일 그리고 11월 1일에 돌고래가 원담 안으로 들어와 있었다고 전했다. 소식을 듣고 제주도에 도착하자마자 바로 원담으로 달려갔다. 혹시나 했는데 역시 담이였다.

제주의 전통 고기잡이 시설인 원담은 대부분 물때에 따라 물에 잠겼다가 다시 드러나는 자연적인 지형을 활용한다. 밀물을 따라 원담 안으로 들어온 물고기가 썰물이 되어 바닷물이 빠지면 자연히 갇히도록 지형을 활용해 인공적으로 쌓은 돌담이 원담인데, 조수간만의 차를 이용한 '돌로 만든 그물'인 셈이다. 『세종실록지리지』世宗實錄地理誌에도 우리나라 서해안 일대에 널리 분포한다고 기록했을 정도로 원담은 오래되었다. 현대 어업 방식이 발전하면서 이제는 원담과 같은 자연친화적인 전통 어업 수단은 거의 사용되지 않는다. 하지만 원담으로 활용되었던 돌담의 형태는 전국 바닷가에 남겨져 있어 다양한 곳에서 그 옛날 우리나라 연안 어업의 모습을 찾아볼 수 있다. 제주 행원리의 원

드론이 촬영한 행원리 원담과 양식 단지.

담도 지금은 조어 시설로 활용되지 않지만 2020년 낚시가 금지되기 전까지 낚시꾼들이 종종 찾는 장소였다.

　행원리의 원담은 현재 제주도에 남아 있는 다른 여러 원담과 조금 다르게 상류에 양식 단지가 자리하고 있다. 양식 단지에는 총 27개의 양식장이 모여 있는데, 바로 앞 바다로 통하는 취수관과 하수관을 공유하고 있다. 이 양식장들은 제주에서 가장 많이 양식되는 광어를 키우기 위해 바닷물을 끌어온다. 그렇게 사용한 바닷물은 여러 번의 필터 시스템과 실외 시스템을 거친 뒤 원담을 거쳐 바다로 빠져나간다.

　양식장의 배출수에는 양식을 위해 사용되는 다양한 사료와 약품, 영양물질이 포함된 것으로 알려져 있으며 하수관을 통해 양식 어류가 빠져나오기도 한다. 양식장에서 나오는 배출수에 섞인 여러 물질이 주변 바다의 영양물질 농도를 높이고, 배출수를 통해 흘러나온 사료 찌꺼기는 주변에 서식하는 해양 생물이 손쉽게 접근할 수 있는 먹이가 되기도 해 다른 수중 생물들을 끌어들인다. 그렇게 몰려든 어류를 쫓아 돌고래와 같은 포식자들이 양식장에 접근하다 때로 혼획되거나 양식장 그물에 얽히는 사고를 당한다.

일부 연구에서는 돌고래 서식지 근처의 양식장들이 돌고래의 먹이터 역할을 하며 서식지 선택과 먹이를 찾는 기술에 모두 영향을 미친다는 것을 보여준다. 예를 들어, 세계 주요 해산물 생산국인 에스파냐 북서부 해안에는 양식장이 높은 밀도로 들어서 있어 주변 돌고래들이 야생의 다른 서식지보다 양식장 주변에서 먹이를 찾는 모습이 더 많이 목격된다.

행원 원담에도 양식장에서 흘러나오는 사료 따위를 먹으려고 물고기들이 몰려드는 것으로 보인다. 우리가 관찰한 바로는 전갱이, 숭어, 참고등어, 학꽁치 등이 계절에 따라 번갈아 원담 안으로 들어온다. 몇몇 야생 어종과 양식장에서 흘러나온 넙치류의 어류가 남방큰돌고래들을 주변 연안 가까이로 끌어들이고 이 중 몇몇 개체는 원담 안쪽까지 들어가 물고기를 잡아먹는다. 밀물 때 원담으로 들어왔다가 썰물 때 원담을 빠져나가지 못해 갇히는 경우도 가끔 있었다.

이런 현상을 처음 지켜본 건 2015년이었다. 남방큰돌고래 두 마리가 행원리 원담에 들어와서 간조 때 머물다가 다음 만조를 이용해 바다로 돌아간 것이다. 2016년 9월 8일에도 한 마리가 들어왔다. 그 녀석은 하루를 보내고 바다로 돌아갔는데, 이게 웬일? 두 달 뒤인 11월 5일, 또 한 마리가 원담에 들어온 것이다. 바로 가서 확인했다. 돌고래 등지느러미를 사진으로 찍어 확인해보니, 지난 9월에 원담에 들어왔던 개체와 동일했다! 이튿날 자연히 나갈 줄 알았지만, 돌고래는 계속 원담 안에 머물고 있었다. 돌고래 건강 상태에 이상이 있는 건 아닐까? 아침부터 저녁까지 돌고래의 움직임과 호흡 주기를 관찰했다. '돌핀맨'으로 불리는 이정준 다큐멘터리 감독(그는 2015년부터 제주 남방큰돌고래를 기록하고 있다)의 도움으로 드론 촬영, 수중 촬영은 물론이고 육상에서도 돌고래의 행동을 관찰하며 돌고래의 상태를 파악했다.

 원담 안에서 돌고래는 물때에 맞춰 움직이고 있었다. 물이 많이 빠졌을 때는 물이 가장 깊이 고여 있는 장소 근처로 활동 반경이 좁혀지고 한 방향으로 천천히 유영했다. 반면 만조일 때는 커진 웅덩이에 따라 활동 반경도 넓어졌으며 넙치류를 잡아먹는 모습도 확인되었다. 관찰 첫째 날, 호흡 주기를 측정해보니 평균 45.4초가 나왔다. 먹이 활동 중으로 추정될 때는 호흡 주기가 평균 42.9초로 약간 줄었다. 쉬는 것으로 추정될 때는 호흡 주기가 평균 56.4초로 늘었다. 수중 촬영을 통해서는 이 개체가 수컷이고, 배 부위에 반점이 많은 것을 보아 나이 든 성체임을 확인했다. 외상이나 건강 문제는 없어 보였고, 먹이도 잘 잡아먹는 것으로 보였다.

 이 돌고래가 먹이를 먹는 행동은 세 가지 형태로 나눌 수 있었다. (1) 수심이 얕은 수면에서 바닷속 모랫바닥을 탐색해 양식장에서 흘러나온 넙치류를 주워 먹는 행동 (2) 바닥에 숨어 있는 먹이를 사냥하기 위해 주둥이로 모랫바닥을 탐색하여 사냥하거나 집어 먹는 행동 (3) 바위와 해조류로 덮인 바닥 부위를 헤엄쳐 다니며 바위틈 속에 숨은 먹이를 찾아내 사냥하는 행동. 이 중 먹이를 '주워 먹는' 행동은 양식장에서 흘러 나와 움직임이 활발하지 않은, 상대적으로 사냥이 매우 수월한 먹이를 쉽게 사냥해 섭식하는 것을 의미한다.

결과적으로 돌고래는 원담 안에서 별문제 없이 지내며 자의로 나가지 않는 것으로 보였기에 우리는 당장 인위적으로 돌고래를 몰아 바다로 내보내는 일이 시급하지 않다고 결론 내렸다. 돌고래에 위협적으로 느껴지는 상황을 만들었을 때 오히려 스트레스를 받거나 안전에 문제가 생길 수 있으므로 상황을 파악하며 스스로 나갈 때까지 기다려보기로 한 것이다.

지루한 날이 계속됐다. 온종일 원담에서 돌고래를 지켜본 날도 있었고, 아침 일찍 들러 확인 후 진행 중이던 다른 조사를 하고 다시 만조 시간에 맞춰 와서 어두컴컴한 밤까지 돌고래를 지켜본 날도 있었다. 그러다 보니 아침 일찍 원담으로 가는 길에 뒷목과 어깨가 결리기 시작했다. 아무래도 담이 온 것 같았다. 그래서 그 녀석의 이름을 '담'이라고 지었다. 뒷목이 당길 때의 '담'이며 원담의 '담'이기도 하다. 그러기를 거의 보름, 11월 4일 원담에 들어간 '담이'는 11월 17일 드디어 바다로 나갔다. 그리고 몇 주 뒤 야생에서 다른 무리와 함께 발견됐다. 그렇게 담이의 스토리는 끝나는 줄 알았다.

한 해를 넘겨 9월에 잠깐 원담에 모습을 보이더니 2017년 10월 24일, 또 원담에 들어온 담이가 좀체 나갈 기미를 보이지 않았다. 2016년처럼 한 달 넘게 머무는 것은 아닐까 걱정이 되기 시작했다. 언제 나갈까? 날씨가 좋아 관찰을 진행하며 드론을 띄워 전체적인 상황도 파악했다. 다행히 겉모습이나 움직임을 볼 때 담이의 건강은 양호해 보였다. 이 시기에 원담에 많이 들어오는 꽁치를 잡아먹고 있는 것 같았다. 만조 때 해면이 높게 상승

담이가 원담 안에서 평화롭게 머물고 있다.

하여(최소 190센티미터 이상) 충분히 원담 밖으로 빠져나갈 수 있는 날에도 담이는 돌담 근처를 자유롭게 유영하며 돌담 너머로 넘어가지 않았다. 행원 원담에 들어온 돌고래가 만조에도 해수면이 많이 올라오지 않아 원담 밖으로 빠져나가지 못하는 경우도 있다. 하지만 담이는 수위가 낮아서 못 나가는 것이 아니었다. 원한다면 나갈 수 있는데도 나가지 않고 원담 안에 머무르길 선택한 듯했다. 그렇다 보니 더욱더 시간을 두고 나갈 때까지 기다려야 할 것 같았다.

담이를 원담에서 한 달여간 지켜보면서 가장 걱정스러웠던 것은 '사람'이었다. 간조 때 원담 안의 물웅덩이는 파도가 없고 잔잔해서 그 안의 돌고래가 훨씬 쉽게 눈에 띈다. 게다가 물이 빠지면 관광객들이 돌담을 밟고 걸어가 꽤 가까이 다가갈 수도 있다. 야생 돌고래를 보고 사진을 찍는 것 정도는 큰 문제가 아니라고 하더라도 가까이 다가가 '쇼 돌고래'를 대하듯 소리를 지르거나, 크게 손뼉을 치며 휘파람을 불거나, 점프하라며 소리를 지르거나, 돌고래가 지나갈 때 물속으로 손을 넣는 등의 행위는 돌고래에게 스트레스를 주는 행동이다. 게다가 간조에는 물웅덩이가 작아져 돌고래가 멀리 다른 곳으로 피할 수도 없다. 근처에서 낚시를 하다가 돌고래 근처로 어획물을 던지는 경우도 있는데, 어쩌다 낚싯바늘이 떨어진다면 돌고래가 상처를 입을 수도 있다.

원담에서 담이를 관찰하고 있노라면, 사람들이 담이에게 가하는 위협적인 행동을 자주 보게 된다. 혹시 원담에서 돌고래를 만나더라도 돌고래에 위협이 되거나 스트레스를 줄 수 있는 행동은 자제해야 한다. 인간의 안전을 위해서라도 원담 안으로 들어가 돌고래에 가까이 접근하거나 만지려는 행동은 금물이다. 야생에서 살아갈 돌고래의 건강을 위해 사람이 먹는 음식물이나 어류를 던져주는 것도 마찬가지다. 돌고래가 스트레스를 받지 않도록 관찰은 쌍안경 등을 이용해 멀리서 하고, 드론은 30미터 상공 이하로 내려가지 않도록 한다.

11월 22일 오후 늦게 원담을 향해 운전대를 잡고 달린 2시간 내내 '담이가 없었으면…' 하는 생각이 머릿속을 떠나지 않았다. 원담에 도착해 자세히 살피니 담이가 보이지 않았다. 절로 두근대는 내 심장에 나대지 말라고 달래며 심호흡을 한 후 30분 동안 원담 안팎을 조사했다. 어떤 돌고래도 보이지 않았다. 당시의 관찰 기록과 만조 수위를 감안하면 11월 18일과 22일 사이에 빠져나간 듯했다.

담이는 원담 밖의 너른 바다로 다시 돌아갔다. 그렇게 한 달 동안 우리를 '괴롭힌' 담이는 그뒤 야생에서 다시 만날 수 있었다. 그러나 담이는 이후에도 가끔 원담으로 들어와 며칠씩 지내다 다시 바다로 돌아가곤 했다. 담이는 몇 년 동안 꾸준히 쉽게 먹이를 얻으려 행원의 원담을 '사용'하는 듯했다. 제주도 연안에는 사용이 중단된 원담을 종종 찾아볼 수 있지만, 남방큰돌고래들이 꾸준히 찾아와 먹이를 먹고 가는 곳으로 사용되는 곳은 행원의 원담뿐이다. 포식 위험과 먹이 유용성은 돌고래의 서식지 선택에 영향을 미치는 두 가지 주요 요인이다. 또한 섭식 활동에 소비되는 에너지를 최소화하기 위해 돌고래들은 쉽게 먹이를 사냥해서 먹을 수 있는 서식지를 다른 서식지보다 더 자주 찾으며 이용하는 경향이 있다. 행원 원담에서 담이의 섭식 활동을 관찰할 때, 아주 느린 속도로 유영하거나 바위 사이에서 움직이지 않고 있다가 바다 속 모랫바닥의 넙치류를 수월하게 집어 먹는 모습이 자주 발견되었다. 양식장과 연결되어 있는 원담은 물고기가 많이 모이는 곳이다. 물때가 되면 그 좁은 공간에 다양한 어류가 밀려 들어와 높은 밀도를 이룬다. 원담의 가장자리는 작은 바위나 돌로 쌓아 올렸지만, 바닥은 모래로 덮여 있어 원담 안에서는 어류가 숨을 수 있는 은신처가 제한적이다. 이 공간 안에서 돌고래는 상대적으로 손쉽게 먹이를 사냥할 수 있다. 연안 아주 가까이 자리 잡은 원담은 인간을 제외하면 돌고래가 포식자를 만날 위험도 아주 낮다. 적은 에너지를 들여 먹이를 먹을 수 있는 공간은 담이와 같이 쉽게 먹이를 얻고 싶은 개체들에게 일시적인 중요한 섭식지로 기능할 수 있다. 무려 한 달 정도를 스스로 갇혀 지낼 만큼.

가끔 담이는 다른 남방큰돌고래와 함께 원담에 들어가기

도 한다. 또 담이가 아닌 다른 돌고래들이 원담에 들어가기도 한다. 우리가 원담에 들어가는 돌고래를 계속 관찰하는 이유는, 원담에 들어간 돌고래들이 안전하게 지내는지 확인하기 위해서이기도 하지만, 혹시라도 원담이 유용한 먹이터라는 정보가 다른 돌고래에게도 전달되는지, 담이와 같이 원담을 방문했던 돌고래들처럼 다른 개체들에게도 이런 행동이 전파되는지 등이 궁금해서다. 하지만 담이처럼 오랫동안 스스로 머무는 '장기 투숙객'은 아직은 발견되지 않았다.

제3의 눈, 드론

인간은 아주 오래도록 바다의 해양 생물을 연구하고자 했고, 꾸준히 더 넓은 바다로 나아가 더 많은 생물을 볼 수 있는 방법을 찾아 왔다. 바다라는 공간은 인간이 사는 육지와는 물리적 특성이 매우 달라 접근 자체가 쉽지 않다. 고래류 연구를 시작하던 초기에는 모든 것을 직접 관찰해야 했다. 바다에서 직접 보거나 포획한 해양포유류의 생김새를 관찰했으며, 사체를 해부하여 정보를 얻었다. 인간이 바다로 나아가 살아 있는 동물의 행동을 관찰하기 시작한 지는 그리 오래되지 않았다. 과학기술이 발달할수록 해양 포유류 연구도 빠른 속도로 발전했다. 연구 장비의 크기가 소형화되고 배터리 수명이 길어진 덕분에 수중 음향 장비 같은 장비는 더 오랫동안 바닷속에 넣어 둘 수 있게 되었고, 드론 비행 시간도 길어졌다. 돌고래나 고래의 몸에 크리터캠 crittercam(동물의 몸에 부착해 촬영하는 카메라)과 같은 데이터 수집 기기를 붙여 동물의 움직임에 관한 자료는 물론 동영상, 소리, 수

온 등 다양한 데이터를 동시에 모을 수도 있게 되었다. 새로운 기술이 나올 때마다 해양 포유류 연구자들은 그 기술을 필드에 접목시킬 방법을 연구한다. 최근에는 해양 포유류를 비롯한 다양한 해양 동물 연구에 가장 창의적으로 활발하게 활용되는 장비가 바로 드론이다.

 돌고래의 등지느러미 생김새, 입에 물고 있는 먹이 등은 육지나 배에서 관찰하며 얻을 수 있는 중요한 자료이다. 연구자들은 돌고래, 고래의 모습을 더 다양한 시점에서 더 오래 관찰하고 연구할 방법을 찾아 왔다. 지금처럼 많은 사람이 드론을 쉽게 사용하기 전에는 경비행기를 타고 관찰하거나, 돌고래를 관찰하는 선박에 카메라를 설치한 에어 벌룬 같은 기구를 달기도 했다. 드론과 유사한 소형 비행기구를 직접 제작해 사용하기도 했다. 드론은 현재 해양 포유류 연구 분야에서 개체군 모니터링, 행동 관찰, 개체 건강성 파악 등에 사용된다. 해양보호구역을 모니터링하며 좌초되었거나 폐어구에 뒤엉킨 개체를 구출하는 팀들을 지원하기도 한다.

 가장 유명한 드론 프로젝트 중 하나는 오션 얼라이언스Ocean Alliance의 SnotBot®이다. 이름처럼 고래의 '콧물'snot을 모으면서 시작된 프로젝트이다. 폐호흡을 하는 고래는 수면으로 올라와 호흡한다. 숨을 내뱉을 때 분기공 위를 덮고 있던 바닷물이 들어오지 않도록 밀어내면 작은 물방울들이 비산飛散한다. 이때 고래의 몸속에 있던 따뜻한 공기와 바깥 공기가 만나 응결하면서, 흔히 분수라고 불리는 분기噴氣를 형성한다. 이 분기에 포함된 수분, 즉 고래의 '콧물'에는 DNA, 호르몬, 미생물 등 다양한 생물학적 정보가 들어 있다. '콧물' 속 정보들을 분석하여 개

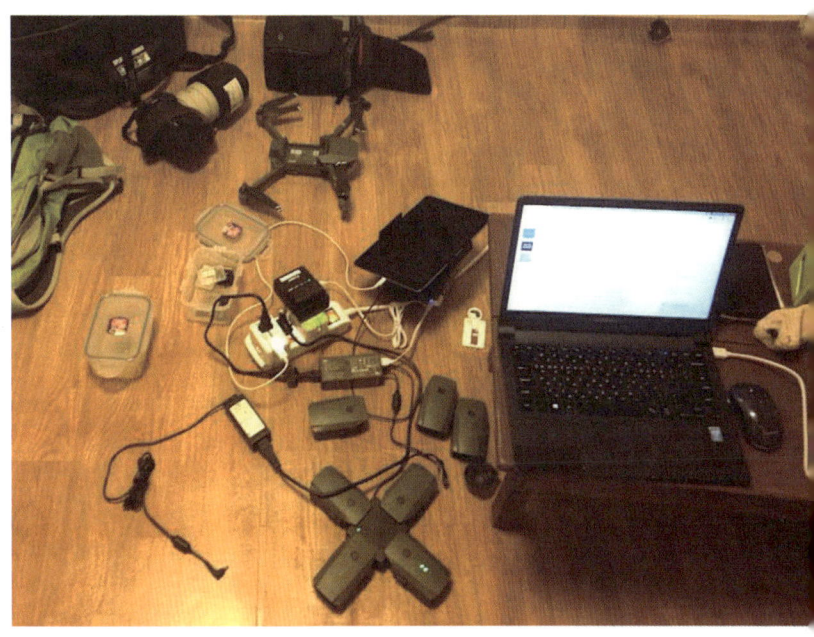

필드 조사 전날 드론의 배터리를 충전하는 일은 무엇보다 중요한 준비 작업이다.

체의 건강 상태, 임신 여부, 성별은 물론 스트레스 정도도 알 수 있다. 드론 사용이 쉽지 않았던 과거에는 이런 정보를 얻기 위해 작은 다트를 고래의 몸통에 쏘아 피부 조직과 그 아래 두꺼운 지방층 조직을 채취했다. 그러한 방식으로 표본을 채취하려면 작더라도 고래에 상처를 내야 하고, 또 정확히 조준하기 위해 선박이 고래 가까이 접근해야 한다는 단점이 있었는데, 드론을 사용할 수 있게 되면서 이러한 문제를 극복할 수 있었다. 드론은 고래에 스트레스를 덜 주면서 더 많은 데이터를 얻을 수 있는 비침습적 연구 방법으로 부상해 요즘 학계에서 점점 그 사용도가 높아지고 있다. 2015년 미국에서 처음 시작된 SnotBot 프로젝트는 현재 알래스카, 멕시코, 가봉 등 여러 나라에서 진행되며 다양하게 고래의 건강을 체크하고 방대한 데이터를 모은다.

    드론을 사용한 사진측량법은 고래류의 외형적 특징을 측정하고 기록하며, 개체를 식별하거나 건강 상태를 파악하는 데도 사용된다. 고래의 건강 상태는 BAI(Body Area Index), 즉 고래의 '전체 몸길이에서 몸통 부위가 차지하는 비율'을 바탕으로 측정된다. 드론이 고래 위에서 날고 있다가 고래가 숨을 쉬려고 수면 위로 올라올 때 머리끝부터 꼬리 끝까지 몸통이 다 보이는 순간을 포착해 촬영한다. 촬영된 사진 속 고래의 주둥이 끝에서 꼬리 끝까지의 길이와 몸통 중간 부분의 길이를 재어 그 비율을 계산한다. 예를 들어 섭식지에서 충분히 먹이를 섭취한 고래는 BAI가 증가한다. 실제로 멕시코 지역에서는 이러한 방식으로 귀신고래의 건강 상태를 매년 확인하는데, 평균적으로 임신한 개체와 생후 일 년 미만인 개체의 BAI가 가장 컸고, 번식지에서 새끼를 키우고 섭식지로 돌아가는 어미 개체의 BAI가 가장 작았다. 2019년부터 이 지역에서는 많은 귀신고래가 죽은 채로 발견되어, 드론으로 고래들의 건강 상태를 확인해보니 뼈의 윤곽이 드러나 보일 정도로 건강이 나쁜 개체가 이전에 비해 많이 발견되었다. 이런 경우 그전 번식기보다 새끼 출생률도 낮아졌다. 드론은 귀신고래뿐 아니라 범고래, 긴수염고래 등 다양한 고래류 연구에 도입되어 건강을 점검하고 실질적인 위기를 파악하는 데 유용해 전 세계에서 점점 더 많이 사용되고 있다.

    드론은 큰 고래뿐만 아니라 작은 돌고래 연구에도 유용하다. 과거에는 육지나 배에서 관찰이 힘든 돌고래 모니터링을 위해 경비행기가 많이 사용되었으나, 최근에는 비용과 돌고래의 안전, 발견율을 고려해 고정익 드론과 쿼드콥터 같은 형태의 드론을 띄워 개체군 모니터링을 진행하는 경우가 늘고 있다. 또한 많은 연구진이 육지나 배에서 관찰할 수 없었던 돌고래들의 수중 움직임과 행동을 연구하는 데에도 드론을 활용한다. 포르투갈의 한 연구팀은 큰머리돌고래Risso's Dolphin의 사회성을 연구하는데, 이들은 드론으로 특정 그룹을 관찰이 가능한 시간 동안 연속 촬영하는 방식으로 행동 데이터를 수집했다. 돌고래의 호흡과 관련한 행동도 드론을 활용하면 기존의 사진 자료보다 더 정확한 자료를 확보할 수 있다. 함께 유영하며 동조 호흡synchronous breathing event을 하는 개체들의 호흡 간격 등은 사진으로 데이터를 수집할 때보다 드론을 사용할 때 더 많은 개체로부터 더욱 정확한 데이터를 확보할 수 있었다. 여기에 더해서 동조 행동을 보이는 개체들이 얼마나 가까운 거리에서 함께 유영하는지, 얼마나 오래 함께 붙어 유영하는지와 같은 데이터도 동시에 확보할 수 있어 돌고래의 사회적 구조 연구에도 크게 기여했다.

다트를 이용해 피부와 지방층의 조직을 샘플링하는 전통적인 방법은 움직임이 느리고 적은 수의 무리를 구성하는 고래류에 적합하다. 돌고래는 크기가 작고 빠르게 움직이며 큰 무리를 이루기 때문에 같은 방법을 적용하기가 훨씬 어렵다. 또한 이 방법은 돌고래에 스트레스를 유발할 수 있어 추적 방식과 추적 시간 등에도 엄격한 기준을 만들어야 한다. 스트레스를 최소화하는 방법으로 연구에 드론이 도입되자 돌고래의 콧물을 채취하려는 시도가 있었다. 다만 이 방법은 아직 일부 연구팀만 활용하고 있는데 그 이유는 돌고래의 분기는 작아서 수분함량이 적고 큰 고래에 비해 분기의 높이도 낮은 데다 이동 속도도 빨라 드론이 정확하게 접근하여 호흡 샘플을 확보하기가 어렵기 때문이다. 또한 고래류에 비해 무리를 크게 이루는 돌고래는 여러 개체가 활발하게 뒤엉켜 다니거나 끊임없이 위치를 변경하기 때문에 샘플링한 개체를 특정하기 어렵기도 하다. 오스트레일리아 연구진이 확보한 큰돌고래와 혹등돌고래의 콧물 샘플링을 보면 일부 데이터를 얻을 수는 있었지만 콧물의 양이 너무 적은 데다 DNA 자료는 확보되지 않았다. 어떤 지역에서는 돌고래의 개체를 식별하기보다는 집단에 속한 여러 돌고래의 콧물을 가능한 한 많이 모아 개체군 단위에서 생물학적 분석을 하기도 한다.

 드론은 소리 수집에도 이용된다. 드론에 수중 음향 장비를 달아 돌고래의 예상 이동 경로에 녹음기를 잠시 넣었다가 빼는 것이다. 이처럼 드론을 활용한 연구 방법이 전 세계 연구자들 사이에 공유되면서 앞으로 고래류 연구에서 드론의 활용도는 더욱

드론을 띄워 돌고래들을 관찰 중이다.

높아질 전망이다.

초기 드론의 가장 큰 문제점은 배터리의 성능이었다. 그러나 기술이 발달하고 새로운 모델이 나올 때마다 배터리의 성능도 개선되었다. 그뿐 아니라 카메라 같은 장비들을 드론에 부착해 날릴 수 있게 되어 세계적으로 드론을 통해 수집되는 데이터는 더욱 늘어나고 있다.

드론을 활용한 연구에는 선결과제가 있다. 드론이 고래나 돌고래와 같은 해양 포유류에 피해를 주지 않도록 반응 연구가 선행되어야 한다. 최근 드론은 전문가나 연구진뿐 아니라 일반인도 손쉽게 구할 수 있고, 취미로 드론을 날리는 사람들도 늘어나고 있다. 그러나 아직 제주 남방큰돌고래가 드론에 어떤 반응을 보이는지에 대한 연구는 이루어지지 않은 상태다. 다양한 해양 포유류와 해양 동물을 대상으로 해외에서 진행된 연구 결과들을 보면 종에 따라 그리고 같은 종이라도 개체군마다 드론에 다르게 반응했다. 드론의 존재나 움직임이 해양 동물의 행동에 교란을 일으킬 수 있어 드론에 접근 제한 거리를 둘 필요가 있다. 또한 하나의 돌고래 그룹 위에 한 대 이상의 드론을 날리는 행위는 매우 위험하다는 점도 유념해야 한다. 접근 방식에도 주의를 기울여야 한다. 연구진들은 돌고래 개체(군) 바로 위에서 드론을 90도 각도를 유지하며 다가가는 것보다, 돌고래의 이동 경로 뒤나 옆으로 멀리 떨어져 예각을 이뤄 다가가라고 권유한다. 이러한 드론 접근법은 행동 반응뿐만 아니라 눈으로 확인이 불가능한 생리적 스트레스를 고려해 제안된다.

2022년 10월 19일 해양수산부는 남방큰돌고래의 안전을 위협하는 행위를 법적으로 금지하도록 '해양생태계법'을 개정

했다. 2023년 4월 19일 시행령 및 시행규칙 개정 후 발표된 금지 행위의 세부 내용 '남방큰돌고래 관찰·관광 활동의 기준 및 방법'에 따르면 드론을 사용해 돌고래를 관찰할 때는 바다 표면으로부터 높이 30미터 이내로 접근하면 안 된다. 이를 위반하는 경우 200만 원 이하의 과태료를 부과하도록 하고 있다. 그러나 대부분 사람들은 이러한 규정을 모른다. 그뿐 아니라 현재 드론 자격증 제도의 교육 프로그램에도 해당 내용이 업데이트되지 않았다. 그러다 보니 인스타그램처럼 영상이나 사진을 게시하는 SNS에서 돌고래를 검색해보면 남방큰돌고래에 매우 근접해 촬영한 영상이나 사진이 곧잘 눈에 띈다. 제주도 남방큰돌고래를 보호하기 위해 만들어진 규정들이 널리 알려지고, 이를 위반했을 경우 단속·처벌 내용을 구체화해 남방큰돌고래를 위협하는 행동이 더 이상 일어나지 않기를 바란다. 그래서 남방큰돌고래들이 그들 위로 드론이 날아다닌다는 사실을 모르고 야생에서 살기를 바란다.

땅에는 '차님', 바다에는 '배님'

2016년 초 석사학위를 막 마치고 남방큰돌고래 연구에 합류하기 위해 제주공항에 도착하니 장수진 연구원에게서 문자가 하나 왔다.

"민트색도, 녹색도 아니고 파란색도 아닌 애매한 색의 작은 차로 갈 거예요. 제주공항 도착하면 3층 게이트 밖으로 나와 있어요."

오래전 문자라 정확하진 않지만, 인상에 깊게 남아 아직도 생각난다. 문자만 봐서는 차 색깔도, 모양도 당최 짐작할 수 없었다. 공항 3층에서 무작정 '애매한 색의 작은 차'를 기다리던 중 그야말로 문자 그대로 민트색도, 녹색도, 파란색도 아닌 묘한 색의 낡고 작은 차 한 대가 내 눈앞에 나타났다. 보자마자 알아보았다. 앞으로 우리 두 사람에게 '차님'으로 추앙받을 라비타 소형 RV와의 첫 만남이다.

 차는 에어컨과 히터가 잘 작동하지 않았고 엔진 힘도 약해 언덕을 올라가야 할 때면 에어컨이나 히터를 반드시 꺼야 했다. 언젠가 카메라를 꺼내려고 차 밖에서 차창으로 머리를 집어넣다가 차문의 빗물받이를 부러뜨렸다(앞 좌석 양쪽을 혼자서 다 부러뜨린 것 같다). 이후 빗물받이가 여기저기 부서진 채로 다녔다. 운전자석 문손잡이도 언제 떨어져 나갔는지 사라져 한동안 조그맣게 뚫린 구멍에 열쇠고리 링을 끼워 넣은 후 그 링을 당겨 문을

우리는 '차님'이 있었기에 돌고래 연구를 시작할 수 있었다.

3장 — 해양 생물 연구의 현장, 연구자의 삶

열었다(어느 순간 그것마저도 떨어져 차문을 열기 위해 특별한 요령이 필요했다). 바닷바람을 많이 맞아 외관이 녹슬고 부식되어 세차장에선 입장을 거부당해 손세차를 해야 했다. 가장 오래 차를 돌봐준 정비사가 어렵게 구했다며 어디선가 이 애매한 색의 페인트를 구해 와 부서져 가는 부분을 덧칠해주었다.

그럼에도 불구하고 그 누구보다 제주도 남방큰돌고래를 많이 만나고 많이 쫓아다닌 차라고 장담할 수 있으니 가히 우리에게 '차님'이라 불리며 추앙받을 만하다. 경차보다는 살짝 큰 정도의 크기라 요리조리 제주 골목을 들락날락 누비며 남방큰돌고래가 있을 해변을 향해 내달리기에 더할 나위 없이 맞춤하다. 제주도 바닷바람을 함께 맞으며 내내 우리와 달려 준 소중한 차'님'이다.

제주도에서 남방큰돌고래를 연구한다고 하면 배를 타거나 바닷속에서 돌고래를 관찰한다고 생각하기 쉽다. 배를 이용하면 남방큰돌고래에 좀 더 가까이 갈 수 있다는 장점이 있긴 하지만 제주 전역을 매일 돌며 남방큰돌고래를 추적하고 조사하는 연구에는 배보다 차가 더 빠르고 효율적이다. 연구비 면에서도 배를 빌리자면 훨씬 많은 예산이 필요하다. 그런 이유로 MARC는 '차님'을 타고 잘 닦인 해안도로와 숨어 있는 남방큰돌고래 관찰 포인트를 따라 제주 구석구석을 누비며 연구를 진행했다.

장 연구원의 남방큰돌고래 연구에 합류해 제주로 온 2016년은 그 차와 함께 가장 많이 남방큰돌고래를 만났던 해이다. 제주 전역에서 남방큰돌고래를 만났고, 방류 남방큰돌고래 중 제주 바다로 돌아가 가장 먼저 새끼를 낳은 삼팔이와 그 새끼를 발견하고 확인한 해이기도 하다. 또한 새벽같이 나가 원담에 들어온 담이가 원담에서 무사히 지내다 나가는지 확인하고 나면 바로 제주 해안도로를 돌며 남방큰돌고래를 찾아 움직인 날들이었다.

가장 가난했고 가장 에너지 넘쳤던 그해, 우리는 '차님'을 타고 두부 한 모와 김치로 간소하게 싼 점심 도시락을 먹으며 지금의 MARC를 구상했다. 졸업 후 어디 멀리 다른 곳으로 연구하러 갔다가도 '제주 남방큰돌고래 연구를 위해 언제나 돌아올 명분'으로 시작한 꿈은 먼 미래 제주 바다 앞에 3~4층짜리 연구소 건물을 갖는 것으로 이어졌다. 연구소이자 연구 기지인 공간을 마련하고, 이 공간에서 제주의 야생 생태계를 연구하기 위해 모인 연구자들이 수다도 떨고 연구에 관한 논의도 진행할 수 있기를 바란다. 그리고 그 연구소 마당에서 한 명은 흔들의자에 앉아 뜨개질을 하며 후배 연구원들에게 연구 진행 상황을 듣고, 다른 한 명은 연구소의 또 다른 식구인 개와 고양이를 돌보며 동료들과 술잔을 나누고 싶다는 꿈을 이야기했다. 몇 년이 지난 지금, 우리는 또 저마다 다른 포부와 꿈이 생겼지만 여전히 분명한 것은 있다. 바다가 보이는 연구소에서 다양한 사람들과 더 다양하고 흥미로운 연구를 해 나가고 싶다는 바람이다.

사연 많고 추억 많은 우리 '차님'과의 이별은 조금 갑작스럽게 닥쳤다. 2021년 여름, 제주 동쪽 해안을 따라 남방큰돌고래를 찾아가던 중 조사 구역으로 핸들을 조금 틀었을 때였다. 갑자기 '퍽' 하는 소리와 함께 핸들이 말을 듣지 않고 이상한 소리가 나기 시작했다. 다행히 남방큰돌고래를 관찰하며 아주 천천히 달리고 있던 터라 문제가 생기자마자 가까운 갓길에 안전히 차를 세울 수 있었다. 결국 우리는 차를 길가에 내버려 둔 채 장시간 버스를 갈아타며 집으로 돌아왔다.

그후 며칠 동안 차를 수리하려고 정비소 몇 곳을 전전했다. 가장 직접적인 원인은 브레이크 라이닝이 끊어진 탓이었지만, 오랜 시간 바닷가를 누벼서 자동차 부품 대부분이 심각하게 부식된 상태였고 문제의 부품을 교체하기 위해서는 아래 판에 연결된 모든 부품을 갈아야만 하는 상황이었다. 그렇게 부품을 잔뜩 교체해도 수명이 그다지 오래가지 않을 것이라는 진단에, 과장 같겠지만 우리는 연구를 접어야 할지 진지하게 고민할 수밖에 없었다. 그런데 때마침 우리 연구에 사용할 차를 기부해주겠다는 은인을 만났다. 익명으로 남길 원하셨던 그분 덕분에 우리의 '차님'을 잘 보내고 지금의 차를 만날 수 있었다.

'차님' 이후로 차에 이름을 지어주지는 않았지만 연구를 접어야 하나, 고민하던 절체절명의 순간 얻은 소중한 새 동료를 귀하고 감사한 마음으로 다루고 있다. 그리고 이제는 히터도 에어컨도 정상이라 겨울에는 따듯하고 여름에는 시원한 차로 좀 더 안전하게 연구를 진행하고 있다.

우리의 '탈것'에는 가끔 배도 등장한다. 배를 이용하면 돌고래 관찰 시간이 차를 이용하는 것보다 짧긴 하지만 훨씬 가까운 거리에서 돌고래를 만날 수 있다. 하지만 위아래로 흔들리는 배 위에서는 사진을 찍기가 쉽지 않다. 그래도 몸의 중심을 잡고 배가 흔들리는 리듬에 맞추어 돌고래의 움직임을 따라 셔터를 누르다 보면 점점 능숙하게 사진을 찍을 수 있게 된다. 그렇게 더 가까운 곳에서 선명하게 찍은 사진들로 돌고래의 상처나 생김새를 더 자세하게 관찰할 수 있다. 더구나 혹시 돌고래가 배에 가깝게 다가오기라도 하면 물속으로 카메라를 집어넣어 수중 돌고래 모습을 담은 영상 데이터도 모을 수 있다. 또한 배를 이용하면 육지에서는 보이지 않는 서식지에 접근해 조사할 수 있다는 장점이 있다. 이런 장점 때문에 연구를 위해 가끔 우리는 '배님'을 탄다.

처음 돌고래 '오래'를 만났을 때 육지에서 확인하기 어려운 부분들을 좀 더 자세히 파악하기 위해 '돌핀맨' 이정준 감독님의 포포이즈호를 타게 되었다. 우리는 포포이즈호를 타고 바닷속에서 유영하는 '오래'를 촬영할 수 있었다. 영상에 담은 오래의 모습을 지켜보면서 꼬리가 절단된 부위를 자세히 조사하고, 꼬리 없이 어떻게 유영하는지를 파악했다. 오래가 안심하도록 배의 시동을 끄고 움직임을 멈추었다. 얼마간 시간이 지나 오래가 배

이정준 감독의 포포이즈호 위에서 사진을 찍고 소리를 녹음하고 있다.

옆으로 다가왔을 때 음향 장비를 바닷속으로 집어넣어 오래의 휘슬음을 녹음할 수도 있었다.

　이렇게 일 년에 몇 번, 필요한 경우 타던 배는 2017년부터 본격적으로 남방큰돌고래의 소리를 연구하게 되면서 더욱 빈번히 주기적으로 이용하기 시작했다. 제주 남방큰돌고래는 낚싯배나 관광 선박의 접근에 익숙하지 않다. 배가 가까이 가면, 하고 있던 행동을 멈추거나 선박을 피하는 등 부정적인 행동 변화를 보일 수 있으므로, 우리는 오래 때와는 다른 조사 방법과 녹음 방식을 적용했다. 남방큰돌고래가 연구 선박이나 인간의 활동에 방해받지 않고 자연스러운 상황에서 내는 소리를 녹음하고 싶었기 때문이다.

　첫째로 남방큰돌고래의 서식지 이용 데이터를 바탕으로 남방큰돌고래가 자주 출몰하고 활용하는 몇몇 장소를 선정해 음향 장비를 설치했다. 최소 몇 주 이상 해양에서 발생하는 모든 소리를 녹음하며 돌고래의 소리를 탐지할 수 있는 장비였다. 수중에서 소리를 녹음하는 이 장비는 설치 후 몇 주간 사람이 접근할 필요가 없으므로 돌고래가 마음 놓고 음향 장비 근처를 지나다닐 수 있고 이때 돌고래가 소리를 낸다면 그 소리가 녹음된다. 음향 장비를 설치하고 고정하는 것을 무어링mooring이라 하는데 그 방식이 다양하다. 연구 목적과 설치하는 장소의 저질底質, 지형 등을 고려해 적합한 방식을 고른다. 적절한 무어링 방식은 음향 데이터 수집에 매우 중요하다. 우리는 큰 닻에 체인을 연결하고 체인과 부이를 연결한 줄에 음향 장비를 매달아 바닷속에 넣고 빼기 쉬운 방식을 택했다(제주 바닷속 상황을 잘 알고 어구에도 통달한 제주대학교 김병엽 교수께서 함께 고민해주신 방식이다). 우리는 몇 주에

한 번씩 녹음기를 교체해야 했는데, 교체 주기가 잦은 음향 장비를 사용하는 우리에게 최적의 방법이었다.

음향 녹음 장비를 설치하기 위해선 배가 꼭 필요했다. 김병엽 교수님의 소개로 만나게 된 선장님이 배를 사용하지 않는 이른 아침 두세 시간 동안 배를 사용하도록 해주었다. 처음 선장님과 함께 바다로 나갔을 때 줄을 빠르게 연결하고 사전에 결정한 녹음 지역으로 가서 녹음기를 넣기까지 많이도 혼났다. "줄 밟지 마!", "뱃머리에 서 있지 마!", "손 빼!" 온갖 호통이 가끔은 알아듣기도 어려운 제주어로 날아왔다. 이제는 우리가 그때의 선장님처럼 처음 배를 타는 연구원에게 배 모터 소리와 파도 소리를 가르며 소리를 지른다. 흔들리는 배 위에서 무거운 닻과 체인, 쇠갈고리 등을 신속, 정확, 안전하게 다루려면 힘이 많이 든다.

무거운 닻에 연결된 밧줄에 음향 장비가 단단히 묶인다. 노란 부이가 수면에 떠서 장비가 설치된 지점을 알려준다.

그리고 배 위에서는 절대로 한눈팔면 안 된다. 선장님은 우리가 하는 행동을 지켜보고 있다가 안전에 위협이 되는 순간을 포착하는 즉시 넓은 바다에서 소리가 가장 잘 전달되는 방식으로 위험을 알렸다. 덕분에 손가락이 부러질 뻔한 사고들을 막을 수 있었고 그후 쭉 안전하게 배를 탈 수 있었다.

돌고래 소리 녹음을 위해 매달 적게는 두 번, 많게는 네 번쯤 배를 타면서 선장님과 호흡을 맞춰 나갔다. 그리고 어느 순간부터 우리에게 선장님은 몇 번의 손짓과 몇 마디 큰 소리로 모든 일을 척척 해 나가는 중요한 연구 파트너가 되었다.

우리의 귀가 되어줘

이젠 음향 녹음 장비를 설치하기 위해 배를 타는 게 익숙하다. 배 타는 날 우리의 일상은 다음과 같이 진행된다. 이른 새벽, 배 위에서 이뤄질 한바탕 작업을 위해 비옷과 장갑, 구명조끼, 장화로 무장을 하고 전날 밤 미리 세팅해 둔 장비들을 담은 상자를 들고 선장님을 만난다. 배를 타기 전에 닻과 체인, 줄과 부이가 연결된 장비 설치용 구조물을 가지런히 정리해 배로 하나씩 옮긴다. 이미 여러 번 다니며 외워 둔 장비 설치 해역으로 배가 출발한다. 음향 장비를 설치할 장소 근처에 도착하면 연구원이 선박 앞쪽에서 팔을 뻗어 선장님에게 구체적인 방향을 가리킨다. 사전에 얼마나 깊이 설치할 것인지를 결정하기 때문에 중간, 중간 깊이를 확인하는데 "수심이요!"라고 외치면 선장님이 스피커로 수심을 알려준다. 음향 녹음 장비가 들어가야 하는 정확한 지점에 도착하면 주먹을 쥐어 배를 멈춰 달라는 사인을 보낸다. 그러면 바로 장비와 연결된 닻을 들어 올려 바다에 던져 놓고 쭉 줄을 풀어준다. 긴 줄이 꼬이거나 다른 곳에 걸리지 않도록 주의해야 하는 것은 물론이고, 사람에게 감기지 않도록 각별히 주의해야 한다. 줄이 거의 풀렸을 즈음 음향 녹음 장비와 부이를 바다로 던져 넣는다. 준비해 간 녹음 장비의 수만큼 이 과정을 반복한다.

장비를 설치하는 일은 장비를 수거하는 일에 비하면 비교적 쉬운 편이다. 장비를 수거하는 일은, 가끔 수거 전날 밤 다음 날이 오는 게 두려울 정도로 육체적으로 힘든 일이다. 장비를 수거하는 날에는 배를 타고 녹음 지역으로 나가며 바짝 마음을 다잡는다. 물 위에 떠 있는 부이를 갈고리로 잡아채 올린 후, 열심히 밧줄을 잡아당겨 장비와 닻을 배 위로 끌어올리면 된다. 닻과 체인이 연결되어 10~15킬로그램이 훌쩍 넘는 장비를 하나씩 바다에서 꺼내 배 위로 끌어 올리려고 연신 밧줄을 당기다 보면 온몸에 땀이 나기 시작한다. 김미연 연구원은 돌고래 연구를 시작하며 얻은 오른쪽 손목 통증 그리고 다쳐서 수술했던 새끼손가락에 통증이 있지만 밧줄을 당기는 동안에는 참아낸다. 팀원들이 함께 있으면 그나마 버틸 만하지만, 필드에서 혼자 연구를 진행할 때는 오롯이 홀로 해내야 하는 일이다. 닻과 함께 모든 장비를 다 꺼내 가지런히 정리해놓고 배 뒤쪽에서 널브러져 누우면 조타실 지붕과 푸른 하늘이 예쁘게 펼쳐져 있다. 그러나 그토록 예쁜 장면을 보고 있는 연구원들의 몰골은 엉망이다. 바닷물에 젖고, 여러 날 바닷속에 잠겨 있던 장비에서 묻은 각종 오물로 뒤범벅이 된 채다. 언젠가 장비 수거가 끝나고 항으로 돌아가는 길에 배 뒤에 널브러진 채 그때쯤엔 꽤 친근해진 선장님께 소

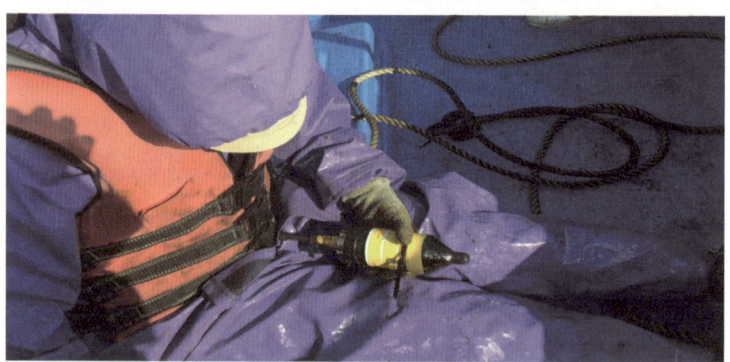

노란 부이를 갈고리로 잡아채 밧줄을 힘껏 당겨 올리면 장비는 금세 회수되지만, 그 아래로 달린 무거운 닻을 끌어올리는 데 엄청난 힘이 든다.(위) 닻이 올라오면 재빨리 밧줄을 감아 자리를 정돈한다.(가운데) 방추형 장비에서 케이블타이를 제거하고 있다.(아래)

리쳐 본 적이 있다.

"선장님! 아~ 이거 이제 힘들어서 때려치워야겠어요!"

선장님이 웃으면서 되물었다.

"이 일 말고 먹고살 거 있어?"

그때는 연구로 먹고살 수 있을지 확신이 없어서 대답하지 못하고 그만 웃어버렸다. 제주도에서 녹음할 때 외에는 뵙기 어려운 선장님이지만, 음향 연구를 진행하지 않을 때도 가끔 들르거나 전화를 걸어 아직은 남방큰돌고래를 연구하며 먹고살고 있다고 안부를 전하곤 한다.

이렇게 애쓰고 힘써 바닷속으로 집어넣었던 음향 녹음 장비는 세 종류로 나뉜다. 넓은 음역에 걸친 남방큰돌고래의 휘슬음과 클릭음을 모두 연구하기 위해 연구 초반에는 두 종류의 자동 음향 녹음 장비를 사용했다. 낮은 음역의 휘슬음을 녹음하기 위한 녹음기(100Hz~23kHz)와 클릭음을 탐지할 수 있는 클릭음 탐지기(20kHz~250kHz)를 교토대에서 빌려 사용했다. 휘슬음 녹음기와 클릭음 탐지기였는데, 휘슬음의 음역대(100Hz~23kHz)가 낮고 클릭음의 음역대(20kHz~250kHz)가 높은 편이라 두 종류의 녹음기를 사용해야 했다. 우리는 두 녹음기를 일본 교토대에서 빌려 사용하다가 '변화를 꿈꾸는 과학기술인 네트워크'ESC와 함께 진행한 '연구비 크라우드 펀딩'을 통해 얻은 수익으로 녹음과 탐지가 동시에 가능한 장비를 구입할 수 있었다.

바다에서 이뤄지는 우리의 연구는 기상의 영향을 많이 받는다. 태풍이 발생하는 여름에는 특히 주의를 기울여야 한다. 태풍이 예고되면 태풍의 영향을 받기 전 최대한 빠르게 장비를 수거해야 한다. 태풍 바비가 제주를 향해 북상하던 2020년 여름에는 몇몇 이유로 음향 장비를 미리 수거할 수 없었다. 어쩔 수 없이 마음을 졸이며 태풍이 지나가기를 기다려야 했다. 바다에는 세 개의 음향 장비가 설치되어 있었다. 우리는 태풍 바비가 지나가자마자 차를 타고 연안으로 나가 장비가 부착된 부이 세 개를 확인했다. 장비가 온전하게 부이에 달려 있는지는 알 수 없지만 육지에서 확인한 부이 중 하나는 멀리 북쪽으로 밀려 수심이 얕은 연안 안쪽까지 들어와 배로 꺼낼 수 없는 상황이었다. 날씨가 괜찮아지자마자 수영을 해서라도 장비를 확인하겠다고 수영복을 입고 연안에 도착했을 때, 우리의 무모하고 위험한 행동을 저지하며 '돌핀맨' 이정준 감독이 돕겠다며 직접 나섰다. 수트를 입고 바다로 들어가는 '돌핀맨'의 뒷모습을 보며 우리는 각각 "음향 장비가 없을 것"이라는 비관적 인간과 "있을 수도 있다"는 긍정적 인간이 되어 마음 졸이며 기다렸다. 몇 분 후 돌핀맨의 손에 음향 장비가 부착된 밧줄이 들려 있는 것을 보며 우리는 환호했다. 세 개 중 한 개를 찾은 것이다.

남은 두 개의 부이는 설치 장소에서 멀리 떨어지지 않은 곳에서 발견되었다. 며칠 후 배를 타고 나가 두 개의 부이를 끌어올려 보았더니 음향 장비는 온데간데없고 태풍에 이리저리 휩쓸리다 바위에 부딪혔는지 구부러지고 잔뜩 흠이 난 닻만 딸려 올라왔다.

'부이에서 떨어져 나간 음향 장비가 육지에 올라가 있지는 않을까?' '바다에 떠다니고 있지는 않을까?' 혹시나 하는 마음에 바로 차를 타고 육지에서 장비 탐색전을 시작했다. 아침 일찍부터 녹음 해역 주변의 먼바다, 해안의 갯바위까지 눈과 드론으로 훑고 직접 발로 뛰며 확인하는 동안 울컥울컥 분노와 원망이 솟

구쳤고 그러다 슬픔과 후회가 밀려오기도 했다. 그러던 중 갯바위 주변에서 장비와 연결되어 있던 보조 부이를 찾았다. 혹시나 하는 마음에 직접 내려가 살펴보니 여기저기 흠이 난 음향 장비 하나가 걸려 있었다. 날은 덥고, 정신없이 찾느라 목은 마르고, 너무 힘들어 인근의 해양환경단체 '핫핑크돌핀스'에 들러 울면서 장비의 상태를 확인했더니 녹음이 계속 진행되고 있었다(이 현장은 146쪽 정보무늬에 담긴 동영상에서 시청할 수 있다). 마지막 음향 장비 하나는 끝까지 찾지 못했지만, 주변의 응원과 도움으로 두 개의 장비를 회수했고 녹음된 소리도 남아 있어 연구에 활용할 수 있었으니 그것만으로도 다행스러운 일이었다. 바다에 넣어 사용하는 연구 장비들은 태풍에 쓸려 가거나, 지나가던 배에 걸려 밧줄이 잘리거나, 그 외 알 수 없는 이유로 종종 사라진다. 도난당

육지에서 차를 타고 장비를 탐색하던 중 갯바위 주변에서 발견한 음향 장비.

하는 경우도 있다. 장비를 지키고 분실을 예방할 방법을 매번 고민하며 여러 가지 대비책을 상세히 계획하지만, 연구 장비를 분실하는 일은 유사한 연구를 하는 전 세계의 다른 연구진도 종종 겪는 일이다. 그야말로 연구자의 마음을 들었다 놨다 하는 고약한 사고인 것은 틀림없다.

 개인적으로 연구 논문을 쓸 때는 재료 및 방법 파트를 가장 먼저 정리한다. 그 부분엔 '차님'의 이야기도, '선장님'이나 '배님' 이야기도 포함되지 않는다. "차량을 사용하여", "배를 사용하여" 하는 등으로 아주 간략하게 표기할 뿐이다. 음향 장비에 대해서도 제조 업체명과 모델명, 장비의 세세한 성능과 설치 방법 따위를 짤막하게 언급한다. 하지만 그 짧은 몇 단어와 문장에는 연구자들의 수많은 나날이 압축되어 있다. '차님'을 생각하는 마음, 선장님과의 우정, 장비를 향한 미운 정 고운 정, 운전법을 익히느라 오른쪽 손목을 앗아간 드론, 제2의 눈이라고 할 카메라까지, 이 모든 것이 연구자와 함께 하나하나 연구 결과를 쌓고 만들어 나가는 동료들이다.

배를 빌려주시는 선장님의 일과 시간을 피해 장비를 수거하려면 새벽부터 서둘러야 한다. 먼 곳부터 시작해 대정읍 선착장으로 돌아가는 길에 환상적인 제주의 노을이 펼쳐졌다.

4장
공존에 필요한 거리

그물 주변에 돌고래가 나타났다

해도 뜨기 전에 '정치망'에서 연락이 왔다. 정치망은 연안 근처, 어류가 지나가는 길목에 설치한 고정형 어구다. 정치망 근처의 어류는 그물을 따라 자연스럽게 그 안으로 들어가 머물게 되고, 어민은 주기적으로 정치망을 살펴 그물 안 물고기를 걷어 올리면 된다. "돌고래가 한 마리 들어가 있는 것 같은데, 빨리 와봐야겠어!" 정치망에 돌고래가 들어가는 일은 생각보다 자주 일어난다. 어떤 어민은 연락해주기도 하지만, 어떤 분들은 조용히 내보내고 아무 일 없었던 듯 조업을 이어 가기도 한다.

모처럼 온 연락에 우리는 눈곱만 떼고 다급히 정치망으로 향했다. 가는 길에 해안도로에서 보이는 정치망 안으로 느긋하게 이리저리 돌아다니는 돌고래의 등지느러미가 보였다. 어민들은 지난번에도 돌고래가 들어왔다가 정치망을 뚫고 나가버려 손해가 막심하다고, 그래도 죽일 수는 없으니 잘 돌려보내야 하지 않겠냐며 한숨을 쉬었다. 정치망에 접근해서 보니 돌고래가 여유롭게 정치망 안을 돌아다니고 있었다. 그 정치망은 한 면이 15미터는 훌쩍 넘는 크기인 데다 위가 막혀 있지도 않으니 숨쉬기에도 문제없었다. 게다가 안에는 작은 고등어를 비롯해 온갖 어류가 떼 지어 돌아다니고 있는 모습을 보니 문득 돌고래는 한정된 공간에서 수많은 먹이와 함께 있어 즐거울까, 혹은 충분히 배를 채웠는데 갇힌 것 같아 불안할까, 새삼스레 궁금했다.

배가 접근하는 소리가 들리고, 돌고래를 내보내기 위해 어민들이 그물 한쪽을 조심스레 잡아 공간을 줄여 가자, 돌고래가 어수선하게 움직이기 시작했다. 느긋하던 움직임이 방향성을 잃었고 호흡이 빨라졌다. 이쪽 구석, 저쪽 구석을 열심히 돌아다니며 탈출구를 찾는 듯했다. 그물은 차근차근 좁혀졌고, 누군가 수면 아래로 슬그머니 눌러준 공간을 찾아낸 돌고래는 도망치듯 그물 밖으로 나가 순식간에 사라졌다. 이름을 고민하던 차에 누군가 '혹시라도 또 그물로 들어가면 사고 없이 잘 나오면 좋겠다'는 뜻으로 '나오'라는 이름을 제시했고, 우리는 그때부터 그 돌고

제주 연해에 설치된 정치망을 상공에서 찍었다. 제주의 정치망은 가로세로 20x10미터 크기로 작은 편이지만, 세계적으로 문제가 되고 있는 정치망은 축구 경기장보다 큰 것도 많다.

래를 '나오'라고 불렀다.

    돌고래와 어업은 우리나라뿐만 아니라 전 세계적으로도 끊임없이 충돌하는 사안이다. 인간이 먹는 대부분의 어종을 돌고래도 먹이로 삼는다. 돌고래가 살고 있던 바다에 인간이 나타나 그녀들의 먹이를 그물로 쓸어 담는다. 돌고래 입장에서는 희한하게 즐겨 먹던 먹이가 한데 차려진 밥상이 펼쳐진 것 같지 않을까. 어업 활동이 이루어지는 주변에 돌고래들이 나타난다는 보고는 전 세계적으로 흔하디흔하다. 그러나 돌고래는 인간의 그물과 어구에 접근했을 때의 위험을 예측할 수 없다. 바늘에 상처를 입거나, 그물에 걸려 움직임을 제한당하거나, 인지하지 못할 정도로 큰 그물로 들어갔다가 결국 숨을 쉬러 올라가지 못해 죽기도 한다. 여러 번 그물에 접근하며 인간의 어업 행위에 충분히 익숙해진, 경험 있는 돌고래들은 요령 좋게 바늘에 꽂혀 있는 어류의 일부만 뜯어 먹거나, 그물 안쪽의 먹이를 얼른 먹어 치우고 나오기도 한다. 때로는 인간이 몰아 놓은 어류 군집 한복판으로 뛰어들어 신나게 먹이 사냥을 즐기기도 한다. 사람들이 쳐 놓은 그물에 돌고래가 접근하면 그물이 손상되거나, 어획량이 줄어들 수밖에 없다. 돌고래가 나타나지 않기를 바라지만, 생각해 보면 그 바다는 원래 돌고래의 터전이었다. 인간이 사용하는 어장이 점차 확장되고, 더 멀리 더 깊은 곳까지 뻗을수록 인간은 돌고래나 고래와 충돌할 수밖에 없다.

    사실 인간의 어업과 돌고래의 상호작용은 꽤 오래전부터 유지되어 온 것으로 보인다. 인간이 처음 그물로 어업을 시도했을 때부터 그랬으리라 추정하는 이들도 있다. 돌고래 무리가 나타나는 곳에는 인간이 잡을 수 있는 어류가 출몰하는 곳이므로 이러한 정보를 인간이 이용하기도 했고, 인간이 그물로 어류를 모는 행위 자체가 돌고래로서는 한결 손쉽게 먹이를 찾고 사냥할 수 있는 환경이 조성되는 것이기도 하기 때문이다.

지중해 지역에서는 특히 소규모 어업과 돌고래의 상호작용을 깊이 들여다보는 연구들이 진행된다. 소규모 어업에 종사하는 어민들이 돌고래 때문에 경제적 손해를 본다는 불만을 꾸준히 제기하기 때문이다. 어민들이 제기하는 문제는 주로 그물에 걸린 어류를 돌고래가 절단해 생기는 상품 가치 손실, 그물 손상, 돌고래 출현으로 인한 총어획량 감소 등이다. 그러나 이러한 문제가, 특히 총어획량 감소가 진짜 돌고래만으로 인한 피해인지는 명확하지 않다. 어쩌다 보니 즉각적으로 눈에 띄어 원망의 대상이 되곤 하지만, 이 외의 남획이나 사회문화적 요인, 환경의 변화 등으로 인해 소규모 어업이 경제적으로 한계를 맞고 있다는 견해도 있다. 이를 알아보기 위해 지중해와 이오니아해에서 돌고래의 행동 연구는 물론 어민 인터뷰와 어획량에 대한 질적, 양적 연구가 함께 진행되었다. 결과는 어민의 짐작과는 다소 다르게 나타났다. 어획량은 이전 20년에 비해 꾸준히, 극적으로 감소한 것으로 나타났다. 돌고래와 어획량의 연관성에 대한 조사는 어민 인터뷰와는 상반된 결과를 보여주었다. 돌고래로 인한 피해는 분명 있었지만 돌고래에 의한 어업 손실은 사람들이 짐작한 것보다는 미미했고, 유일하게 어업에 피해를 미치는 종도 아니었다. 어업 손실의 원인으로는 남획이나 확장된 어업 활동, 서식지 파괴가 어획량에 결정적인 영향을 미친 것으로 나타났으며, 또한 어획량의 감소는 지역 돌고래 개체군에도 부정적인 영향을 주었다. 어획량이 감소함에 따라 돌고래 개체군의 크기 또한 급격히 감소한 것이다.

비록 미미하더라도 돌고래에 의한 피해를 줄이기 위해 '핑어'pinger라는 장비의 효용성을 따져보는 연구도 이루어졌다. 핑어는 인위적으로 고주파 소음을 발생시키는 장치로, 물리적인 피해를 줄 정도의 큰 소리가 나는 것은 아니다. 다양한 종의 돌고래와 어업이 상호작용하는 지역에서 많이 사용되는 장비로 방식에 따라 주기적으로 동일한 소음을 발생시키기도 하고, 돌고래가 나타났을 때 이를 인식하여 불규칙적으로 다양한 주파수의 소리를 내기도 한다. 인위적인 소음을 발생시켜 돌고래의 행동을 교란하거나 돌고래들이 그 소리를 피해 해당 지역에 접근하지 않기를 기대하는 것이다. 하지만 핑어의 효과를 연구한 결과들을 살펴보면 그 사용에 여전히 의문은 남는다. 돌고래들은 일시적으로 핑어를 피하는 것처럼 보였다. 일부 지역에서는 어구 근처에서 돌고래의 출현율이 줄고, 어구 파손 역시 유의미하게 감소했다. 다만 그것은 출현 확률을 줄였을 뿐 모든 돌고래가 완벽하게 그 지역을 피해 다니지는 않았다. 어떤 지역에서는 핑어가 전혀 소용없기도 했다. 또 다른 지역에서는 며칠 혹은 2~3주 정도로 단기적 효과를 보았지만 그후로는 전혀 효과를 발휘하지 못했다. 핑어를 설치한 후 어느 정도 시간이 지나자 핑어가 있는 곳에 먹이가 있다는 걸 알게 된 돌고래들이 더 자주 어구에 접근한 지역도 있었다. 한 가지 방식만으로 돌고래를 그물 멀리 쫓는 것은 어디에서도 쉽지 않았으며, 돌고래를 배제하는 방식은 해법이 될 수 없었다. 돌고래의 안전을 보장하면서 인간의 어업도 보호하는 방법을 꾸준히 모색해야 한다. 돌고래와 어업 활동의 상호작용을 연구하는 연구자들은 인간의 어업 구조 전반을 변화시켜야 한다고 주장한다.

　이러한 문제는 우리나라에서도 종종 발생한다. 제주의 정치망뿐만이 아니다. 전국 어디든 어업이 행해지는 곳이나 하다못해 낚시터라도 돌고래가 나타나면 "오늘 조업은/낚시는 망했다"며 혀를 차는 사람이 대다수다. 때로 돌고래가 너무 많아 어업에 방해가 되므로 돌고래의 개체수를 줄이고, 일정하게 관리해야 한다는 주장도 나온다. 우리나라의 상괭이가, 참돌고래가, 남방큰돌고래가 실질적으로 얼마나 어업에 피해를 미치는지 연구가 절실한 시점이다. 피해의 원인과 정도가 제대로 파악되기 전까지는 누군가에게 돌고래는 막연한 피해의 원흉이자 배척해야 할 존재로 남는다.

　아마존에는 투쿠시강돌고래*Sotalia fluviatilis*와 분홍돌고래라고도 불리는 아마존강돌고래*Inia geoffrensis*라는 종이 서식한다. 과거 아마존강 지역에서 어업 활동을 하던 사람들은 전통으로 이 돌고래들을 받아들인 것으로 보인다. 그러나 어업이 점차 산업화되고 외부의 경제적 압박이 거세지면서 상황이 변했다. 어민들은 돌고래에 대한 적대감을 키워 갔고, 점차 돌고래를 수입원이 되는 특정 어종에 대한 경쟁자로, 그물을 망치는 골칫거리로 인식하기 시작했다. 1990년대에 이러한 적대감이 팽배해 인위적으로 돌고래를 사냥하고 죽이는 어부들이 있다는 보고가 늘어났다. 또한 브라질, 콜롬비아, 페루 등지에서 소비가 늘고 있는, 메기의 일종인 피라카팅가*Calophysus macropterus*라는 어종을 잡기 위해 그 미끼로 돌고래를 사용하기도 했다. 어떤 경우에도 고래를 고의로 포획할 수 없다는 법이 있음에도 연간 약 1600마리 이상의 아마존강돌고래가 포획으로 죽어 갔다.

그런가 하면 돌고래와 인간이 협력하는 경우도 있다. 브라질 라구나 지역의 바다는 물속이 전혀 보이지 않을 정도로 혼탁하다. 사람의 힘만으로는 어획 활동을 하기 무척 힘든 지역이지만 소수의 돌고래들이 인간과 협력한다. 어부들이 바다로 걸어가면 돌고래가 해안을 향해 숭어 떼를 몰아간다. 그러다 충분히 가까운 거리가 되면 돌고래는 꼬리를 치거나 빠르게 잠수하며 사람들에게 그물을 던지라는 신호를 보낸다. 최근 논문에 따르면 이렇게 인간과 협력하는 돌고래는 (같은 지역의) 협력하지 않는 돌고래와 비교해 성체가 될 때까지 생존할 가능성이 약 13퍼센트 더 높았다고 한다. 물론 사람도 돌고래가 도와줄 때 더 큰 숭어를 더 많이 잡을 수 있다. 약 150년 전부터 자연스럽게 시작된 이러한 협력은 지금까지 이어지고 있지만, 최근 숭어의 개체수가 급감하면서 돌고래와 인간이 협력하는 빈도수도 줄고 있다.

오스트레일리아 퀸즐랜드 지역에서는 지역 토착민들이 창과 그물을 들고 물속에 들어가면 일부 큰돌고래가 근처의 어류를 사람들 주변으로 몰아주고 사냥을 할 수 있도록 돕는다. 미얀마에서는 일부 어민들이 이라와디돌고래Irrawaddy dolphin와 협력하는 전통적인 조업 방식을 이어 오고 있다. 돌고래들이 주변 어류를 몰아오는데, 어부가 혼자 조업할 때보다 어획량이 훨씬 더 많다. 이렇게 돌고래와 협력하는 어민들은 강 주변에서 전기를 이용하는 불법 어획을 막고 강을 보전하는 강력한 협조자가 되기도 한다.

어떤 현상을 마주할 때 당장 드러나는 사실만을 바탕으로 판단하는 경우가 있다. '돌고래가 나타났다, 어획량이 줄었다, 돌고래는 이 사태의 주범이다'라는 말들을 쏟아내는 생각들이 그

미얀마 이라와디강에 서식하는 돌고래와 어민은 서로 협력해 물고기를 잡는다.

렇다. 그러나 우리는 해양 생태계가 어떻게 변화하고 있는지 모든 것을 알 수 없다. 인간의 활동 영역이 넓어지면 넓어질수록 우리가 파악할 수 없는 변화들이 연쇄적으로 파생될 가능성이 크다. 정확한 인과관계를 과학적으로 분석하는 데 오랜 시간이 걸리는 동안 현상을 피상적으로 해석한 목소리가 만만한 대상을 향해 비난을 쏟아붓는다. 어쩌면 우리가 변화시킨 환경이, 그간 바다 생물을 원 없이 잡아들인 우리의 행위가 돌고래를 정치망과 양식장 가까이 몰아왔는지도 모른다. 돌고래가 아예 나타나지 않는, 그래서 돌고래로 인한 어업 피해도 전혀 없는 바다가 정말 우리에게 유익한 바다일까. 돌고래와 지구를 공유하는 생물로서 던져보는 질문이다.

고래의 죽음

2015년, 제주에서 혹부리고래 한 마리가 연안에 좌초된 채 발견된 적이 있다. 부리고래류는 몸길이가 4~13미터로 돌고래보다 다소 큰 고래류다. 종에 따라 차이가 나기는 하지만 주로 수백 킬로미터, 깊게는 3000킬로미터 수심까지 오랜 시간 잠수하여 먹이를 찾으며, 소규모로 무리를 이뤄 사는 편이어서 야생에서 만나기 매우 어렵다. 그런데 이런 부리고래가 발견되었다니, 심지어 제주 연안이라니. 평생을 찾아다녀도 갖기 어려운 기회였다. 호기심과 흥분에 휩싸여 부검에 참여했다. 머리 부분을 갈라 두개골을 확인하던 수의사가 말했다. "두개골 함몰이 있네요." 혹부리고래의 두개골 한쪽이 금이 간 채 움푹 파여 있었고, 두개골을 싸고 있던 피부 조직은 시퍼렇게 멍들어 있었다. 호기심과 흥분은 사그라들고 안타까움이 그 자리를 메웠다. 혹부리고래의 죽음이 인간에 의해 초래되었을 가능성이 높아 보였기 때문이다.

부리고래류는 가장 오랜 시간 잠수하는 것으로 알려진 포유류이기도 하다. 연구에 따르면 부리고래류의 한 종류인 민부리고래는 2시간 넘게 3000미터 가까운 깊이까지 잠수한다. 혹부리고래 또한 1000미터 넘는 수심까지 잠수해서 심해의 오징어나 해저에 사는 어류와 갑각류를 먹는다. 이빨고래류에 속하는 부리고래는 돌고래처럼 반향정위를 사용한다. 빛이 전혀 들어오지 않는 심해에서 먹이를 찾기 위한 방안이다. 수심 400~500미터에 다다를 때까지는 반향정위를 사용하지 않는다. 족히 수백 미터 이상의 수심에 다다라서야 고음을 발생시켜 주변을 탐색한다. 학계에서는 이를 범고래 같은 포식자를 피하고 경쟁자가 거의 없는 심해 환경에 적응하기 위한 전략으로 본다. 사냥을 마친 부리고래는 수면 위로 향하면서 다시 소리를 죽인다. 계속 소리를 내면 얕은 수심에 있던 범고래가 들을 수도 있기 때문이다. 부리고래는 매우 유능한 잠수부이지만 이런 움직임 자체는 몸에 무리를 준다. 깊은 바다에 잠수했다 올라온 부리고래는 수면 위에 떠서 1시간 이상 휴식을 취한다. 고래 행동을 연구하는 사람들은 이를 로깅logging이라고 부르는데, 통나무처럼 물에 둥둥 떠 있기 때문이다. 망망대해 한복판, 파도에 몸을 싣고 둥실둥실 휴식을 취하는 그 안온한 시간이 이제는 목숨을 잃을 수도 있는 위험천만한 시간이 되어버렸다. 그렇게 부리고래가 로깅을 하고 있을 때 빠른 속도로 지나던 배가 부리고래를 발견하지 못하거나, 휴식을 취하던 부리고래가 접근하는 배에 신속하게 반응하지 못하면, 결국 충돌이 발생하고 만다.

고래의 두개골을 함몰시킬 만큼 큰 충격은 야생에서는 일어나기 어렵다. 그러나 인간은 엄청난 무게의 거대한 물체를 바다 위에서 빠르게 움직이도록 만들었다. 1877년 한 증기선이 종을 알 수 없는 고래와 충돌했다는 최초의 보고 이후로 지금까지 수많은 해양 생물이 선박과 충돌했다는 보고가 산더미처럼 쌓이고 있다. 고래, 돌고래, 물개, 해달, 듀공, 상어, 바다거북, 펭귄 혹은 어류에 이르기까지 인간의 속도를 따라가지 못하는 동물들이 인간이 만든 문명의 산물과 끊임없이 부딪혀 상처 입고 죽어 가고 있다.

그렇다면 바다에서 죽은 고래와 돌고래는 어떻게 될까. 죽은 고래와 돌고래의 몸 상태, 지방 함량, 뼈, 폐의 팽창 등 다양한 요인이 작용해 고래는 일정 기간 수면에 떠 있다가 가라앉거나, 아니면 죽은 직후부터 아래로 가라앉기 시작한다. 수면에 떠 있는 동안에는 수면층에 서식하는 다양한 생물과 갈매기의 먹이가 된다. 잠시 가라앉았던 사체는 시간이 지나면서 속부터 부패해 가스가 생성된다. 가스가 충분히 차기 전에 심해로 가라앉은 경우에는 압력 때문에 떠오르지 않지만, 많은 경우 체내에 가스가 차면 고래의 사체도 다시 수면 위로 떠오른다. 이때 혹등고래와 같이 목 아랫부분에 주름이 있는 고래는 주름이 펴지며 마치 풍선처럼 부풀어 오르기도 한다. 수면으로 다시 떠오른 고래의 사체는 해류와 조류, 바람에 의해 떠다닌다. 만약 육지와 가깝거나 육지 방향으로 이동한다면 사체가 연안으로 밀려와 좌초될 수도 있다. 그러나 육지에서 아주 멀거나 이동 방향이 육지가 아니어서 육지에 채 닿기 전에 가스가 빠지기 시작한다면 사체는 다시 바다 아래로 가라앉는다. 가라앉은 사체는 해저 생물의 먹이가

16세기 말 네덜란드 해안에 좌초된 고래를 그린 그림이다. 전 세계적으로 좌초 원인에 대한 연구가 꾸준히 진행되고 있다.

되고, 만약 심해에 가라앉는다면 물질 순환이 쉽지 않은 심해에 질소를 비롯한 중요한 영양 공급원이 되기도 한다. 여기서 주목할 점은 바다에서 떠다니던 고래 사체가 모두 육지로 밀려오지 않는다는 것이다. 밀려오는 사체는 죽은 고래 중 일부일 뿐이다.

제주에서는 남방큰돌고래의 사체가 일 년에 3~6구가량 발견된다. 남방큰돌고래는 대부분 부검해도 왜 죽었는지 정확하게 파악할 수 없는 경우가 많았다. 사체를 너무 늦게 발견해 부검을 해도 질병의 징후 등을 발견하지 못하는 경우도 있고, 딱히 사망에 이르게 할 만한 외상이 전혀 발견되지 않는 경우도 많다. 상괭이는 조금 다르다. 상괭이의 사체는 일 년에 수십 마리 발견되는데 그물에 의한 상처 자국이 있거나 몸의 일부가 잘려 나간 경우도 있다. 어구에 혼획되어 탈출하지 못해 수면 위로 올라오지 못하고 물속에서 익사해 죽은 상괭이의 폐에서는 기포가 발견된다. 폐에 물이 찬 흔적이다. 상괭이들 사체에서 의외로 뚜렷한 다른 사인이 보이지 않고 건강 상태도 꽤 좋아 보이는 경우는 대부분 혼획에 의한 죽음으로 추정된다.

사체는 소중하다. 고래가 어떤 먹이를 먹는지 궁금하다고 야생의 고래를 잡아 배를 가르거나, 돌고래나 고래의 뇌 구조가 궁금하다고 살아 있는 돌고래의 머리를 열어볼 순 없다. 대신 우리는 사체에서 정보를 얻는다. 사진으로만 보던 동물의 실제 모습이 어떠한지, 무엇 때문에 죽었는지, 나이는 얼마나 되는지, 무엇을 먹고 살았는지, 몸의 구조와 구성은 어떤지, 어떻게 깊은 곳까지 잠수할 수 있는지, 어떤 질병을 가지고 있는지, 질병이 있다면 인간과 관련이 있을지, 이들이 사는 해양 환경에 오염 같은 심각한 문제가 발생한 것은 아닌지 등등. 간단하고 직관적인 질문에서부터 생리와 진화는 물론 인간이 해양 환경에서 받을 수 있는 영향에 관한 예측에 이르기까지, 고래의 사체에서 얻을 수 있는 정보는 다양하다. 표피, 지방층과 근육층, 장기의 조직들, 이빨과 수염판, 두개골과 골격, 심지어 귀지에 이르기까지 고래와 돌고래의 사체는 구석구석 소중한 정보를 담고 있다. 그러다 보니 가끔 발견되는 고래의 사체를 접할 기회가 생기면 수의학자나 질병을 연구하는 사람들은 물론 우리 같은 행동생태학자도 기회를 놓치지 않으려고 눈을 빛내며 달려간다. 물론 우리가 바다에서 일어나는 고래와 돌고래의 모든 죽음을 알 수는 없다. 우리가 만나는 죽음은 정말이지 극히 일부에 불과하다. 바다에서 죽은 채 떠다니거나 저 깊은 심해로 가라앉지 않고 있다가 사람이 발견할 수 있는 육지로 밀려온 아주 일부이다.

과거에는 포경을 제외하면 질병, 노화, 포식압 등 자연적인 사망 원인이 대부분이었다. 그런데 이제는 고래의 사체에서 인간의 흔적이 점점 많이 발견되고 있다. 그물로 인한 상처, 날카로운 날에 잘린 지느러미, 어구에 혼획되어 결국 숨 쉬지 못해 수중에서 죽어 가며 남긴 폐의 기포들, 몸 여기저기에 걸려 있는 낚싯줄과 바늘이 그 흔적들이다. 혹부리고래의 깨진 두개골을 보며 이렇게 죽어 간 고래가 얼마나 많을지 생각했다. 2018년에 발표된 논문에 따르면 2011년부터 2017년까지 한국에서는 매년 1000~2000마리의 고래와 돌고래가 혼획·좌초·표류했다. 그러나 분명 그 이상의 고래와 돌고래 사체들이 바다에서 표류하거나 깊이 가라앉았을 터이다. 또한 죽지는 않았어도 상처 입은 채 살아가는 고래와 돌고래도 적지 않을 가능성이 높다. 자연적으로는 발생하지 않았을 죽음이 인간에 의해 초래되었다는 생각과 고래 사체를 접할 때마다 생물에 대한 새로운 정보를 얻을 수 있다는 흥분이 뒤섞여 씁쓸해지곤 한다.

돌고래 관광, 돌고래와의 거리

돌고래들이 이쪽저쪽에서 물 위로 튀어 오른다. 사람들이 뱃전으로 바짝 붙어 섰다. 누군가 큰 소리로 외친다. "배 바로 앞쪽에도 돌고래가 있어요!" 사람들이 함성을 지르며 배 난간 너머로 수면을 들여다본다. 돌고래는 이리저리 몸통을 비틀며 움직이는 배의 앞머리에서 배와 함께 움직인다. 사람들의 함성이 들리고,

그 사이사이 누군가 설명을 덧붙인다. "돌고래가 여러분을 환영하고 있네요. 배 앞의 돌고래는 배의 선수파를 타고 노는 것을 좋아합니다. 사람들이 놀이기구 타는 것처럼 말이죠!" 약간 각색되긴 했지만, 남방큰돌고래 관광 선박의 가이드가 실제로 하는 말들이다.

제주도에는 남방큰돌고래가 산다. 2013년 수족관에서 쇼를 하던 제돌이와 두 돌고래가 고향인 제주 바다로 돌아온 후로 많은 사람이 제주에 돌고래가 산다는 것을 알게 되었다. 당시에만 해도 돌고래는 낚싯배나 지나가던 어선, 우도나 가파도를 오가는 왕복선에서 우연히 마주치는 동물로 여겨졌다. 그런데 남방큰돌고래가 제주 바다에서 일 년 내내 머무르며, 지역에 따라서는 연안에 아주 가까이 접근하기도 한다는 사실이 알려지면서 제주를 방문하는 관광객이 돌고래를 볼 수 있는 지역을 찾기 시작했다. 그러다 돌고래를 본 경험이 SNS를 통해 공유되자 돌고래를 보고 싶어 하는 사람들은 더욱 늘어났다. 2016년, 제주 남서쪽 연안에서 배를 타고 남방큰돌고래를 구경할 수 있는 관광 상품이 등장했다. 이제 육상에서뿐만 아니라 배를 타고 바다로 나가 남방큰돌고래를 볼 수 있게 된 것이다.

수족관이 아니라 바다에서 자유롭게 살아가는 고래를 보는 경험은 특별하다. 바다에서 만난 고래와 돌고래는 똑똑하고 귀엽고 선량한 동물이라는 막연한 이미지에 머물지 않는다. 그들은 크고, 묵직하고, 힘이 넘치고, 거칠다. 자유롭고 변화무쌍하다. 분명 계속 보고 있는데도 어느새 저 멀리 사라져버리고 그런가 하면 금세 눈앞에 나타난다. 높이 뛰어오르며 하얗게 물보라를 일으킨다. 육상에서 지켜보아도 더없이 역동적이니 기회가 된다면 누구나 배를 타고 가까이 다가가보고 싶은 마음이 들 테다. 그러니 정기적으로 고래와 돌고래를 볼 수 있는 지역들에서 지난 수십 년간 전 세계적으로 고래 관람 관광이 급격히 늘어난 것은 막을 수 없는 추세 같기도 하다. 일부 지역에서는 고래·돌고래 관광이 지역 경제를 완전히 바꿔 놓기도 했다. 고래를 잡으며 살아가던 지역의 어부들은 고래를 보여주고 설명하는 해설사로 직업을 변경했다. 실제로 배를 타고 좀 더 가까이에서 만난 고래와 돌고래는 생각보다 훨씬 더 크고 더 위압감이 드는, 그야말로 경이로움이 느껴지는 대상이다. 고래와 돌고래가 주기적으로 출현하는 지역을 향해 여러 선박이 관광객을 태우고 이 놀라운 생물을 보기 위해 출발한다.

돌고래 관광 선박이 정확히 무리를 향해 접근하는 장면을 드론으로 포착했다. 관광 선박이 제주 남방큰돌고래 개체군에 미치는 영향에 관한 연구가 꾸준히 이뤄져야 한다.

고래 관광이 늘어나고 지속되면서 고래에게 무언가 달라진 점이 보이기 시작했다. 퍼뜩 알아채기 힘들 만큼 미묘한 반응이긴 하나 고래들이 관광 선박을 피하는 것처럼 보이기도 했고, 어느 지역에서는 오히려 점점 더 적극적으로 다가오기도 했다. 관광 선박이 다가가면 배 위의 사람들에게 접촉을 시도하려는 고래도 있었다. 돌고래들은 강아지처럼 선박을 열심히 따라다니거나 평소보다 훨씬 더 높이 뛰어오르는 행동을 보여주기도 했다. 관광객들은 이러한 야생의 쇼에 흥분했다. 고래 관광이 시작되던 초기에는 고래를 선박 가까이로 유도하기 위해 먹이를 던지기도 했다. 소수인 한 무리 고래와 돌고래를 보기 위해 열 대, 스무 대의 선박이 모이기도 했다. 관광객의 요구에 응해 어미와 새끼에게 더욱 가까이 접근하는 선박들도 있었다.

해양 포유류 학자들이 관광 선박과 마주친 고래·돌고래의 반응에 관한 연구에 흥미를 느끼고 진행한 것은 당연한 일이다. 관광 선박이 접근할 때 고래와 돌고래의 반응은 선박이 전혀 접근하지 않는 시간, 즉 대조군과의 비교를 통해 주로 이루어진다. 어떤 인위적 자극도 없는, 온전한 야생 상태에 있는 특정 개체군의 행동을 먼저 파악해야만 상황 변화 이후의 행동을 비교할 수 있다. 선박이 접근하기 전과 후의 단기적 행동은 물론, 무리의 변화, 잠수 패턴, 음향 행동, 선박 관광 지역에 대한 서식지 이용 패턴 등 행동에 관한 기초 자료가 다양하게 확보되어 있을수록 좋다. 그런 후 관광 선박이 접근했을 때 동일한 상황에서 행동이 어떻게 달라지는지를 기록한다. 이렇게 기록되고 연구된 결과물들이 전 세계의 고래·돌고래 관광업이 진행되는 지역에서 나오기 시작했다. 대부분의 지역에서 유사한 결과가 보고되었다.

우선, 단기간에 걸쳐 고래와 돌고래의 행동 패턴이 변화했다. 하루 중 섭식·양육·휴식·이동·사회활동 등에 일정한 비율의 시간을 사용한다면 이러한 사용 시간의 비율이 관광 선박이 접근하는 경우 변화하는 것이다. 호흡 간격이 길어져 더 깊이 오랜 시간 잠수를 하거나, 호흡 간격이 짧아져 수면에서 하는 행동들이 늘어나기도 했다. 섭식지나 양육지로 사용하던 지역을 떠나는 개체도 있었다. 새끼가 젖을 먹는 시간이 감소하거나 어미가 새끼를 돌보는 시간이 감소하기도 했다. 선박이 접근하면 하던 행동을 멈추고 선박에 접근하려고 행동하는 개체가 있는가 하면, 하던 행동을 멈추고 멀리 피하려는 개체들도 있었다.

며칠이나 몇 개월 정도의 시간이 아닌 수년이나 십수년 간격으로 행동을 비교하자 더 심각한 문제들이 드러났다. 관광에 많이 노출된 고래와 돌고래의 건강 상태에서 문제가 발견되었다. 체중 감소 같은 생리적인 문제가 있는가 하면 새끼의 사망률이 올라가거나 어미가 새끼를 돌보는 데 더 많은 노력을 들여야 했다. 단기간에 걸쳐 발생한 부정적 영향들이 쌓일수록 관광에 노출된 고래와 돌고래 개체군의 크기가 감소하는 등의 문제가 장기적으로 지속되었다. 고래 관광은 고래와 돌고래에게 부정적인 영향을 미치는 것이 확실했다.

선박의 움직임은 물론 소음도 악영향을 끼쳤다. 선박에서 발생하는 지속적인 소음이 돌고래·고래 무리의 의사소통을 방해하기 때문이다. 선박의 소음은 돌고래·고래가 의사소통에 사용하는 주파수 대역을 뒤덮어버린다. 그러면 돌고래·고래는 기존에 사용하던 소리가 아닌 다른 주파수 대역의 소리를 내기 위해 추가로 에너지를 써야만 한다. 동시에 선박이 내는 소음은 시끄

선박에 부딪혀 등지느러미 일부가 잘려 나간 제주 남방큰돌고래 'JTA142'이다.

러워진 바다에서 이들이 더 크고 더 단순한 소리로 의사소통을 하게 만든다. 관광 선박이 야기한 행동의 장단기적 변화의 일부, 즉 무리의 크기가 작아지고, 행동이 짧게 끊어지고, 이용하던 장소를 변경하거나 사용하던 음향 신호를 변화시키는 것은 마치 돌고래·고래가 포식자를 만났을 때와 유사한 반응이다.

사람들이 좋아하는, 그리고 고래와 돌고래 또한 좋아한다고 여겨지는 뛰어오르기나 꼬리 치기, 선수파 타기 등의 행동도 문제가 되었다. 먹이 사냥이나 새끼에게 젖먹이기, 같은 무리의 다른 개체와 관계 맺기, 휴식 등의 행동을 하다 말고 선박에 접근하여 놀이 행동을 보이는 것이다. 접근하는 선박이 많아질수록, 그 빈도가 늘어날수록 기존에 해야 하는 행동—먹고, 야생의 정보를 습득하고, 개체군 내에서 관계를 형성하며, 새끼를 양육하는 등—이 줄어들 수밖에 없다. 사람들은 고래나 돌고래의 교란된 행동을 이들이 즐거워서 흥분한 나머지 보이는 행동이라 오해한다. 그 오해에 더해 그들이 좋아서 하는 행동은 괜찮다고도 말한다. 하지만 전혀 그렇지 않다. 먹거나 쉬는 등의 일상적인 행동을 내팽개친 채 지속되는 행위는 설령 돌고래가 좋아서 하는 행위라 해도 결코 좋은 영향을 줄 수 없다. 피하는 행동이나 스트레스로 인한 불안과 공격성이 드러날 경우에는 더욱 그렇다. 높이 뛰어오르거나, 꼬리로 수면을 내려치는 행동, 잦은 호흡과 불규칙한 방향성을 보이는 수면 행동 등이 여기에 포함된다. 야생에서도 종종 보이는 이 행동들은 자신에게 관심을 집중시키거나, 무언가 불편한 갈등 상황에서 종종 나타나는 행동이다. 돌고래들은 최선을 다해 불편함을 드러내고 있다. 우리는 그것을 우리 인간의 입장에서 오독하고 있다. 배의 선수파를 타는 행동도 마찬가지다. 대체로 미성숙한 어린 개체나 호기심이 많은 개체가 선수파 타기를 즐겨한다. 그러나 선수파 타기를 즐길수록 돌고래는 점점 선박을 위험한 물체라고 인식하지 않게 된다. 결국 인간과 선박에 익숙해진 나머지 이 동물은 충돌과 부상, 때로는 사망의 위험에 노출된다.

    이런 연구 결과가 속속 나오기 전부터 이미 고래 관광이 성행한 몇몇 지역에서는 고래를 과도하게 괴롭히는 관광을 규제하기 위해 엄격한 수칙을 지키도록 강제했다. 예를 들면, 고래 무리에 너무 가까이 접근하지 않는다, 새끼가 있으면 더 멀리 떨어져 속도를 늦추거나 아예 정지 상태를 유지해야 한다, 만일 배가 움직이고 있다면 속도나 방향을 바꾸지 말아야 한다, 절대로 먹이를 주거나 만지려고 하지 않는다, 같은 내용이다. 야생동물은 인간의 움직임을 예측할 수 없다. 그러니 의도와 목적을 가지고 야생으로 뛰어든 인간이 그들에게 피해를 주지 않도록 유의해야 한다. 세부적인 규정은 국가나 지역마다 차이가 있지만, 기본 원칙은 동일하다. 규정을 어길 경우에는 벌금을 물리고, 반복적으로 규정을 위반하면 고래 관광 면허를 박탈한다. 고래·돌고래 관광에 대한 연구 결과가 쌓이면서 국가마다 자국의 바다에 서식하는 고래 개체군에 더욱 적합하게끔 세부 규정을 다듬었다.

하와이의 긴부리돌고래spinner dolphin는 하와이의 가장 대표적인 돌고래 관광 대상이었다. 날씬하고 날렵한 데다 공중으로 뛰어올라 회전하는 것으로 유명한 이 돌고래는 야간에는 먼바다로 나가 먹이를 찾고 주간에는 섬 근처의 수심이 얕은 지역으로 돌아와 휴식을 취하거나 새끼를 돌본다. 그런데 바로 이 시간에 고래 관광이 이뤄졌고 휴식을 취하는 긴부리돌고래에게 사람들이 배를 타고 접근했다. 하와이 긴부리돌고래 관광은 수십 년

제주도에서는 제트스키를 타고 돌고래 가까이 접근해 구경하는 경우도 종종 목격된다

동안 이어져 돌고래 관광을 제공하는 여행사만 70곳 이상으로, 100척 이상의 선박과 카약 등이 관광에 투입되었다. 이들은 돌고래 무리를 발견하면 관광객을 물속으로 들여보내는데, 수영복을 입은 최대 60여 명의 관광객이 바다로 뛰어든다. 물속에서 휴식 중인 긴부리돌고래를 보는 엄청난 경험과 간혹 일어난다는 그 '교감'을 기대한다. 과연 그들은 긴부리돌고래와 교감했을까. 과연 긴부리돌고래는 그 사람들과 교감한 것일까. 선박과 인간의 접근 시간이 늘어날수록 긴부리돌고래의 양육과 휴식 시간은 그에 비례해 줄어들었다. 휴식을 취하고 포식자의 위험을 피하던 안전한 장소는 이내 끊임없이 인간의 방문이 이어지는 소란한 장소가 되었다. 긴부리돌고래가 뛰어오르거나 꼬리를 치는 행동이 증가하고 인간에게 돌격하는 경우도 종종 보고되었다. 개체가 받는 스트레스가 증가하고 있다는 징후였다. 새끼를 돌보지 않는 개체들도 발견되었다. 결국 하와이 주정부는 2021년 긴부리돌고래와 함께 수영하거나 가까이 접근하는 행위를 모두 금지했다. 이 규정은 선박과 카누, 사람은 물론 드론에도 적용된다.

 2016년부터 본격적인 '돌고래 관광'이 시작된 제주에서는 해마다 돌고래 관광업체 수와 선박 수가 늘었다. 그런데도 관광 규정에 대한 본격적인 논의는 2021년에야 이루어졌다. 하지만 이 규정에는 위반 시 제재나 처벌 조항이 없어 사실상 업체의 양심에 맡겨야 하는 상황이었다. 2022년에야 '해양생태계의 보전 및 관리에 관한 법률' 개정안에서 관련 규정을 어길 시 200만 원의 과태료가 부과된다는 항목이 추가되었다. 제주의 남방큰돌고래 또한 전 세계 다른 지역의 돌고래와 비슷하게 단기적인 부작용을 드러내고 있다. 관광 선박이 접근하면 기존의 일상적인 행동이 바뀌고 무리의 크기가 작아졌으며 연안으로 바짝 붙어 이동한다. 이러한 행동은 어미와 새끼에서 더 확연했다. 등지느러미의 상처가 선박 충돌에 의한 것으로 강력히 추정되는 개체들이 있는 것으로 보아, 분명 관광 선박에 지나치게 접근한 나머지 크고 작은 상처를 입었을 가능성이 없지 않다. 돌고래 관광을 통해 남방큰돌고래와 우리의 거리가 가까워졌다고 할 수 있을까, 우리는 이 돌고래들을 보며 환호만 하면 되는 것일까. 그들과 우리의 적당한 거리는 어디쯤일까, 일렁이는 바다를 바라보는 내내 생각한다.

우리 바다에도 언젠가 다시, 귀신고래가

그리 크지 않은 배에서 작은 모터보트 한 대가 출발했다. 구름이 가득해 하늘과 바다가 모두 회색빛이었다. 날이 차기는 했지만 바람이 그리 세지는 않아 모터보트는 빠른 속도로 멀리 떨어진 고래를 향해 다가갔다. 어미와 새끼, 귀신고래 두 마리였다. 귀신고래는 암초가 많은 곳에서 귀신같이 출몰한다고 해서 붙은 이름이다. 최소 모터보트의 서너 배 이상 큰 이 동물은 처음 발견된 장소 근처에서 느리게 움직이며 먹이를 먹고 있는 듯했다. 수면으로 서서히 올라와 분기를 뿜어내고는 천천히 물속으로 들어가는 거대하고 느린 동작이 우아해 보이기까지 하는 이 생물을 모터보트로 따라다니는 목적은 촬영과 조직 샘플 확보를 위해서다.

모터보트를 운전하는 이는 고래 주변에서 연구를 위해 수차례 보트를 몰아본 전문가라 귀신고래 근처에서 느리게 속력을 줄였다. 고래에 접근하여 샘플을 채취하기까지 시간이 한정된 만큼 보트에 탄 연구진은 각자 빠르게 자신의 역할을 확인하고 움직였다. 돌고래보다 호흡이 긴 고래는 물속에 한번 들어가면 몇 분이 지나야 올라온다. 어디서 올라올지 모르는 고래를 찾기 위해 열심히 사방을 탐색하다 귀신고래가 나타나면 다른 연구자들에게 위치를 알려주며 빠르게 개체 식별을 위한 사진을 찍는다. 샘플을 채취하기 위해서는 고래 지방층의 깊이를 고려해 제작한 작은 다트를 쏘아서 맞혀야 한다. 다트 끝에는 바늘이 붙어 있는데 얇은 바늘 가운데는 구멍이 뚫려 있다. 이 바늘이 고래의 피부를 뚫고 들어갔다 떨어져 나오면 이 구멍에 2밀리미터가량의 조직 샘플이 박힌다. 정확한 각도로 빗나가지 않도록 잘 맞혀야 고래도 인간도 편하다.

    몸집이 커서 느리게 움직인다고 여겼던 고래는 생각보다 빨랐다. 너무 가까이 접근하면 고래의 움직임에 보트가 위험해질 수도 있으니 보트도 신중하게 운전해야 한다. 적당한 거리로 접근하는 그 몇 분 사이, 고래가 보트 밑을 지나가는가 싶더니 꼬리로 보트를 툭, 건드린다. "짜증 낸다, 짜증 내고 있어" 하는 농담이 오가고, 한층 더 빨리 작업을 마치기 위해 집중한다. 다시 숨을 쉬기 위해 고래가 올라왔을 때, 이전에도 여러 번 샘플 채취를 했던 연구자가 고래를 향해 다트를 쐈다. 정확하게 고래에 맞고 떨어져 나온 다트에는 몇 센티미터 되지 않는 형광색의 작은 부이가 달려 있어 가라앉지 않고 바다 위에 떠다닌다. "찾았습니다!" 다트가 떨어져 나온 근처를 헤매다 작은 파도 사이에서 부이를 찾아낸 연구진이 소리쳤다. 멀리 손을 뻗어 다트를 건져냈다. 바늘구멍 사이의 샘플은 바로 튜브로 옮겨져 보관되고,

바위섬처럼 생긴 귀신고래의 등 위로 희부염한 안개 같은 분기가 포착되었다.

정보가 기록되었다. 모두 약 20분 사이에 일어난 일이다. 보트는 바로 고래 주변을 떠났다. 러시아 사할린과 캄차카에서 귀신고래를 연구하는 연구진의 조사에 잠시 참여해서 보게 된 생애 첫 번째 귀신고래이자, 야생에서 살아 있는 큰 고래의 조직 샘플을 채취하는 과정을 처음으로 지켜본 경험이었다.

귀신고래는 몸길이 15미터, 최대 몸무게 약 41톤에 달하는 수염고래류이다. 몸 전체가 어두운 회색인데 희끗희끗한 반점으로 뒤덮여 있어, 이 반점의 패턴으로 개체를 식별할 수 있다. 주로 사진을 찍는 등 쪽의 반점으로 식별한다. 몸 여기저기에 붙어 있는 따개비도 개체 식별 정보로 사용된다. 분기공이 하나인 돌고래류와 달리 수염고래류의 분기공은 마치 사람의 콧구멍처럼

러시아 연구팀, 돌핀맨 이정준 감독과 촬영한 기념사진이다. 뒤편에 보이는 낡은 판잣집이 필드 숙소인데, 그들은 오성급 호텔이라고 부른다.

두 개가 있다. 바다에서는 멀리서 두 갈래로 갈라져 올라오는 분기를 먼저 발견하기도 한다. 분기는 대체로 희끄무레한 안개 뭉치처럼 보인다. 대개 분당 1~2회가량 수면 위로 올라오는 돌고래에 비해 고래는 한번 물속으로 들어가면 수분 이상 나오지 않는다. 그런 고래류를 탐색하자면 분기가 매우 중요한데, 바람이 세게 불면 분기가 쉽게 흩어지므로 바람이 심한 날에는 고래 탐색이 더 어렵다.

러시아 사할린과 캄차카는 태평양 서부의 귀신고래들이 여름을 보내는 곳 중 하나다. 귀신고래는 여름에는 고위도 지역으로 올라와 먹이를 먹고, 겨울에는 저위도 지역으로 내려가 번식한다. 예전에는 '한국계 귀신고래'라고 불렸고 이제는 '서부 태평양계군'이라 불리는 귀신고래가 여름을 보내기 위해 주기적으로 방문하는 지역이 바로 사할린과 캄차카다. 이곳은 새끼를 건강하게 잘 키우고, 암컷 고래가 새로운 새끼를 낳기 위해 충분히 몸을 불리는 매우 중요한 지역이다. 서부 태평양계군의 귀신고래는 남중국해 어딘가에서 겨울을 보내고, 사할린과 오호츠크해 지역에서 주로 여름을 보내는 것으로 알려져 있다. 반면 아메리카 대륙 서쪽에서 발견되는 동부 태평양계군의 귀신고래는 베링해와 축치Chukchi 해역에서 여름을 보내고 아메리카 대륙을 따라 약 2만 킬로미터를 이동하여 멕시코의 바하칼리포르니아와 캘리포니아만 남부에서 겨울을 보내며 번식한다(위도로 약 55도에 걸쳐 이동하는 셈이다).

한국은 서부계 귀신고래의 길고 긴 이주 경로에 포함되었던 지역으로 추정된다. 한국의 귀신고래는 1914년 로이 채프먼 앤드루스Roy Chapman Andrews를 통해 알려졌다. 미국의 탐험가이자 고고학자인 앤드루스는 고비 사막과 몽골, 인도제도 등지를 탐사하며 화석을 발굴하고 생물표본을 수집했다. 앤드루스는 일본의 포경선을 타고 연구를 진행하고 있었는데, 당시 조선의 해역에 출몰한다는 '데블 피시'devil fish라는 이름의 고래 이야기를 듣고 1912년 울산 장생포에 방문한다. 당시 장생포는 일본의 포경 기지로 이용되어 포경으로 잡힌 다양한 고래를 볼 수 있었다.

앤드루스는 자신이 관찰한 고래에 관해 상세한 기록을 남겼는데, 겉모습과 어미와 새끼에 관한 생태적인 정보까지 다루었다. 그 기록에 따르면 한국은 귀신고래의 이주 경로에 포함된 경유지일 수도 있지만, 출산이 임박한 개체나 태어난 지 얼마 안 된 듯한 새끼도 발견된 것으로 보아 멀지 않은 곳에 번식지가 있을 수도 있다. 그는 1914년 한국에 머무르며 관찰한 사실들을 토대로 귀신고래가 태평양 동부와 서부에 분포하며 서부에 분포하는 귀신고래를 '한국계 귀신고래'라고 이름 붙인 논문을 출간한다. 또한 한국에서 확보한 귀신고래의 골격을 미국 자연사박물관과 스미스소니언 국립자연사박물관으로 보냈다. 오늘날 이 표본은 한국계 귀신고래를 보여주는 유일한 표본으로 남아 있다. 이후 한국계 귀신고래를 보는 것이 어려워졌기 때문이다.

당시 일본은 한국에서 매우 활발한 포경을 벌였다. 그때 우리나라는 고래류가 자주 발견되는, '풍부한 포경 자원'을 가진 곳이었다. 기록에 따르면 러일전쟁에서 승리하며 한반도 해역의 포경사업 주도권을 잡은 일본은 1903년부터 1944년까지 8000마리 이상의 대형 고래를 잡았으며, 1911년부터 1944년까지 34년간 1300마리 이상의 귀신고래를 잡았다. 당시 일제의 포경은 국내 대형 고래류 감소에 결정적 영향을 미쳤다.

일제강점기가 끝나고 일본이 물러간 뒤라고 해서 얼마 남

앤드루스는 귀신고래의 생태를 조사하기 위해 일본 포경회사의 도움을 받아 울산에 방문했고, 1916년에 출간한 저서에 관련 기록을 수록했다.

지 않은 한반도의 고래 사정이 나아지지는 않았다. 절대적인 포획량은 감소했지만 동해에서는 여전히 활발하게 포경이 진행되었다. 특히 동해 포경업은 1970년대까지 전성기를 이루었다. 1986년 국제포경위원회IWC가 대형 고래류에 대한 상업 포경을 금지한 후에야 국내에서도 대형 고래류의 포경이 법적으로 금지되었다. 안타깝게도 귀신고래는 한국에서 자취를 감춘 뒤였다. 한국에서 귀신고래가 마지막으로 잡힌 것은 1966년이고, 마지막으로 목격된 것은 1977년 울산 앞바다에서였다. 그후 귀신고래는 국내 바다 어디에서도 발견되지 않았다. 2008년 국립수산과학원 산하 고래연구소에서는 귀신고래에 현상금을 걸기도 했다. 사진이나 동영상을 찍어 제공하면 500만 원을, 생존하거나 죽은 귀신고래를 발견해 신고하면 1천만 원의 현상금을 지급하겠다고 했다. 그러나 지금까지도 한국에서 귀신고래를 봤다는 사람은 나타나지 않았다. 한국계 귀신고래는 완전히 사라진 것일까? 그렇지는 않다. 한국계 귀신고래라고 불리던 종은 태평양 서부 해역을 이용하던 집단이다. 그러나 한국에서 발견되지 않는 기간이 늘어나며 더 이상 '한국계'라는 이름을 붙이기 어려워진 것이다. 이제 얼마 남지 않은 서부계 귀신고래는 한국 바다를 이용하기보다는 일본 해역을 이용하는 것으로 추정된다.

사실 귀신고래의 서부계군과 동부계군은 개체군 크기도, 개체군에 대한 정보도 매우 편향적이다. 귀신고래의 서식지와 이주 경로에 해당하는 국가의 고래 보호 정책과 연구 역량 투입의 차이에 따른 결과이다. 동부계 귀신고래에 대해서는 상당히 오랜 기간 미국, 캐나다, 멕시코에 걸친 지역에서 강력한 보전 정책과 함께 밀도 높은 연구가 이루어져 왔다. 그 결과, 번식지와 섭식지는 물론 이동 경로에 있는 경유지들을 어느 기간에 지나가는지도 상세히 밝혀냈다. 포경 금지 직전 1만 2000여 마리까지 줄어들었던 동부계 귀신고래는 서서히 개체수가 늘어 현재는 약 2만 7000마리까지 회복된 것으로 추정된다. 또한 귀신고래의 생태와 관련된 대부분의 연구가 이 동부계 귀신고래를 대상으로 이루어졌고 또 알려져 왔다.

그에 반하여 서부계 귀신고래는 섭식지인 러시아 지역 외에서는 거의 연구가 이루어지지 않았다. 남중국해에서 번식한다고 하지만 정확히 어느 지역인지는 모른다. 남중국해와 동남아시아 근처에서 목격된 몇몇 사례와, 이주 시기에 일본의 동부 해안에서 가끔 발견되는 사례를 바탕으로 남중국해에 속한 해역의 어딘가에서 번식하고 일본 연안을 따라 러시아로 올라가는 것으로 추정한다. 다만 러시아의 섭식지인 사할린과 캄차카 지역에서는 상대적으로 장기적이고 밀도 높은 연구들이 진행된다. 매년 사진을 찍고 가능하면 유전자 표본을 모으며 섭식지에서의 행동을 관찰한다. 동부계에 비해서는 매우 적은 수의 연구진이 제한된 예산으로 연구를 수행하지만 그나마 서부계 귀신고래의 생활사를, 이 개체군의 상태를 파악할 수 있는 중요한 연구이다.

연구에 따르면 서부계 귀신고래는 이제 200마리가량 남아 있다. 2017년에는 이 개체군에 약 175마리가 포함되어 있는데 번식 가능한 암컷이 33마리밖에 되지 않는다는 연구도 발표되었다. 새끼의 생존율이 낮고 번식 가능한 암컷의 출산 간격이 상대적으로 길어 개체수의 증가세가 매우 더디다는 연구도 나왔다. 이러한 연구 결과와 함께 섭식지인 러시아 사할린과 캄차카 지역이 개발과 기후변화 등으로 고래가 생활하기에 부적합한 환경으로 변하고 있어 섭식 활동에도 문제가 발생할 수 있다는 가능성이 제기되었다.

귀신고래처럼 이주를 하는 대형 고래류는 매년 계절에 따라 섭식지와 번식지를 오가며 생활한다. 겨울철에는 저위도의 번식지에서 새끼를 낳아 기르다 여름철이 되면 고위도의 섭식지로 이동하여 먹이를 먹는 생활을 한다. 새끼를 낳을 수 있는 환경이어야 한다는 점에서 번식지도 중요하지만 섭식지는 때로 번식지 이상으로 중요하다. 어미가 번식지에서 새끼를 낳고 돌보는 동안은 섭식지에서 먹는 양과 비교하면 거의 먹지 않는다고 할 정도로 소량의 먹이만 섭취한다. 그리고 여름 동안 섭식지에서 충분히 먹이를 섭취해 저장해 둔 지방을 에너지로 분해하며 산다. 이 기간을 버티고 섭식지로 돌아갈 때까지 귀신고래의 체중은 16~30퍼센트가량 줄어든다. 새끼가 있다면 하루에 1800리터 정도의 젖을 새끼에게 먹이면서 섭식지로 돌아가야 하는 것이다. 그런 만큼 여름에 섭식지에서 얼마나 양질의 먹이를 충분히 먹을 수 있는가 하는 문제는 생존은 물론 번식에도 큰 영향을 미친다. 동부 개체군의 경우, 충분한 먹이를 먹지 못한 0.5퍼센트 정도의 일부 개체는 계절에 따른 이주를 포기하고 일 년 내내 섭식지에 남아 먹이를 먹기도 한다.

물과 함께 많은 먹이를 삼키고 수염을 통해 물을 빼내는 다른 대형 고래류와 달리, 귀신고래는 해안 근처의 얕은 바다에서 바다 밑바닥의 저서성 먹이를 먹는다. 주로 작은 갑각류가 이에 해당한다. 물속이나 수면에서도 먹이를 먹을 수 있지만 주로 바다의 바닥을 훑어 흙과 먹이를 한꺼번에 입안에 넣은 후 흙을 뱉어낸다. 대형 고래류의 턱 아래쪽에는 많은 주름이 있다. 이 주

MARC가 러시아에서 만났던 귀신고래.

름은 물과 함께 먹이를 먹을 때 입안의 부피를 키우는 데 도움이 된다. 주름이 많을수록 입안에 더 많은 물과 먹이를 한꺼번에 흡입할 수 있다. 그러나 귀신고래는 주로 바닥을 긁어 흙과 먹이를 입으로 넣으며 주름의 개수도 적은 편이다. 혹등고래는 14~35개의 주름이 있지만, 귀신고래는 2~7개의 주름이 있다.

  연안을 따라 계절마다 이주하며 연안 주변의 얕은 해역에서 먹이 활동을 하는 귀신고래는 인간의 활동 영역과 생활 반경이 겹칠 수밖에 없다. 포경이 사라진 현재, 얼마 남지 않은 서부계 귀신고래의 가장 큰 위협은 연어 그물과 연안 개발이다. 귀신고래가 먹이를 먹는 많은 지역에서 어업이 진행된다. 특히 러시아 극동 지역에는 연어 잡이 그물이 많이 설치되어 있다. 이 그물들이 최대 1~3킬로미터까지 연장되는 규모여서 귀신고래에게는 위협적이다. 귀신고래의 섭식지와 연어 그물이 설치되는 지역이 상당히 겹치다 보니 러시아 동부 지역을 이용하는 귀신고래 다섯 마리 중 한 마리는 어구 때문에 생긴 상처가 있는 것으로 파악되었다. 특히 어린 개체는 이런 어구와 얽히는 것에 더더욱 취약하다. 연어 그물만큼 서부계 귀신고래를 위협하는 또 다른 요인은 석유와 천연가스 개발로 인한 것이다. 인간의 생활에 필요한 이 천연자원 시추 시설이 사할린 지역에 꾸준히 세워지고 있다. 이 또한 귀신고래의 섭식지와 겹친다. 시설을 세우고 관리하는 모든 행위가 고래 섭식지의 질을 떨어뜨리고, 그 면적도 줄인다. 인간의 활동 범위가 넓어질수록 귀신고래의 생존은 위협당한다.

가끔 뉴스에서 과거 우리나라에서 발견되었던 귀신고래에 관한 기사를 본다. 언제쯤 우리는 귀신고래를 다시 볼 수 있을지에 대한 아쉬움이 읽히는 경우가 많다. 울산의 '귀신고래 회유 해면'은 1962년 천연기념물로 지정되었다. 그러나 '과연 우리는 귀신고래가 돌아올 수 있을 만한 환경을 조성하고 있느냐?'라고 자문해보면 자신 있게 대답할 수 없다.

고래의 이주 시기가 되면 밍크고래 혼획 기사가 연달아 올라오고, 기사마다 수천만 원이라는 위판가를 알려준다. 연안에는 끊임없이 인간이 좀 더 풍요롭고 편안하게 살아가기 위한 개발이 진행되고 새로운 시설이 세워진다. 동부계 귀신고래 개체군이 두 배 이상 늘어나는 동안, 우리는 끊임없이 혼획되고 줄어드는 고래를 보아 왔다. 200:27000이라는, 태평양 서부계 귀신고래와 동부계 귀신고래의 개체수 차이는 고래에 대한 우리의 태도를 단적으로 드러낸다. 사라졌던 귀신고래가 우리 해역에도 나타난다면 분명 더없이 기쁜 일이다. 러시아에서 귀신고래를 만났던 경험을 떠올릴 때마다 언젠가 우리나라에서 귀신고래를 마주하며 연구하길 꿈꾼다. 그러나 그 이전에 지금 남아 있는 다른 고래들이 귀신고래처럼 되지 않도록 노력하는 것부터 해야 하지 않을까. 우리는 언제나 지나고 나서 후회하곤 한다.

생태법인, 돌고래와 함께 사는 미래로

"[…] 마지막으로 이들에게 관심을 기울여야 하는 이유가 한 가지 더 있는데, 나는 이것 말고 더 필요한 이유는 없다고 믿는다. 그렇게 많은 사람들이 코뿔소와 앵무새와 카카포와 돌고래를 지키는 데 인생을 거는 이유도 이 때문일 것이다. 이유는 아주 단순하다. 그들이 없다면 이 세상은 더 가난하고 더 암울하고 더 쓸쓸한 곳이 될 것이기 때문이다."
―더글러스 애덤스 외 지음, 강수정 옮김, 『마지막 기회라니?』(홍시, 2014)

우리는 왜 돌고래와 함께 살아야 할까, 왜 우리 바다에 사는 고

래와 돌고래를 보호해야 할까, 라는 질문에는 대체로 우리가 사는 데 도대체 돌고래가 어떤 도움을 주냐는 보상 차원의 의미가 들어 있다. 이런 질문을 마주하면 속으로 매번 '우리는 우리에게 무언가 해줄 수 있는 대상만 보호해야 하는가'라고 되묻고 싶어지지만, 아무튼 그렇게 찾은 답변들이 보호해야 하는 이유를 효과적으로 납득시켜 온 것은 사실이다.

    2019년 국제통화기금IMF에서는 흥미로운 발표를 내놓았다. 고래가 기후변화를 막는 데 기여하는 역할을 경제적 가치로 환산한 내용이었다. 고래는 그 거대한 몸속에 엄청난 양의 이산화탄소를 흡수하고, 죽은 후에는 심해로 가라앉아 몸속에 포집한 이산화탄소를 심해에 매립한다. 심해에 매립된 이산화탄소가 다시 바다 밖으로 빠져나오려면 수백 년 이상 걸리며 그 과정은 매우 느리게 진행된다. 이산화탄소 포집 기술 개발에 막대한 포상금이 내걸린 현실을 생각하면 놀랄 만한 사실이다. 이뿐이 아니다. 고래류의 배설물은 질소, 인, 철분을 풍부하게 함유하고 있어 이를 영양분으로 삼는 식물성플랑크톤이 증식할 수 있다. 그리고 식물성플랑크톤은 광합성을 통해 대기 중의 이산화탄소를 포획한다. 이 과정에서 고래 한 마리가 하는 역할을 금전으로 환산하면 한 마리당 약 200만 달러, 한화로 약 26억 원이 넘는다. 한 마리의 고래에서 시작해 다양한 생물과 환경 요소가 엮인 이 과정은 '고래 펌프'라 불린다. 고래 펌프가 해양의 수직적인 순환에 기여한다면, 고위도와 저위도를 오가는 고래의 이주는 멀리 떨어진 지역 간의 생물학적 순환에도 기여하는 것으로 알려져 있다.

    그렇다면 돌고래는 어떨까. 고래 한 마리가 거대한 몸집으로 그런 유익한 역할을 한다면 돌고래는 무리를 지어 다니며 바다의 순환을 담당한다. 큰 고래류에 비해서는 아직 연구가 덜 되어 있지만, 환초 석호 지역에 서식하는 돌고래에 관한 연구는 시사점을 던진다. 이곳의 돌고래들이 먹이를 탐색하고 사냥하는 섭식 과정에서 나타나는 수직적 움직임이 석호 환경의 영양 순환을 촉진한다는 것이 확인되었다. 돌고래들이 이리저리 몰려다니는 움직임과 그 과정에서 배출되는 배설물이 플랑크톤과 박테리아의 먹이가 되고, 그것이 결과적으로 생태계가 안정적으로 유지되도록 돕는다. 이처럼 순환을 촉진하는 움직임은 영양분이 한 지역에 정체되기 쉽거나 해양 환경의 상호작용이 공간적으로 제한된 섬이나 강 하구 등의 지역에서 더욱 중요하다.

해양 생태계의 먹이그물에서 상위 포식자인 돌고래의 개체군 크기와 먹이 종의 변화는 생태계에 뚜렷한 영향을 미친다. 1970년대 흑해 지역에서는 상업적 어업이 급속히 확대되며 돌고래 혼획도 덩달아 늘어났다. 이 과정에서 플랑크톤을 섭식하는 어류의 개체수가 증가해 동물성플랑크톤 감소의 원인이 되었고, 돌고래 개체수가 감소하자 식물성플랑크톤도 줄어들었다. 결과적으로 먹이그물 전체의 균형이 깨져 1980년대까지 흑해 지역에 부영양화를 초래하는 요인 중 하나로 작용했다.

돌고래들이 먹이를 찾는 방식은 서식지의 물리적 구조에도 영향을 끼칠 수 있다. 가령 카리브해 일대에 서식하는 큰돌고래는 먹이를 찾기 위해 바닥의 모래나 진흙을 뒤엎어 사냥감을 가두는 임시 장벽을 만든다. 돌고래가 먹이를 쉽게 먹으려고 구사하는 사냥술이 뜻밖에도 해저의 영양물질을 순환시키는 것이다. 이와 같은 연구가 제주에서 진행된 바는 없으나, 남방큰돌고래도 비슷한 역할을 해내고 있으리라 추측할 수 있다.

고래류는 해양 환경의 변화로 인해 인간이 맞이할 미래를 미리 알려주는 존재이기도 하다. 해양 생태계의 상위 포식자이자 포유류인 돌고래는 사실 기후변화나 해양 오염 등에 즉각적인 반응을 보이지는 않는다. 수온이 섭씨 0.1도만 바뀌어도 그 분포나 번식에 문제가 생기는 동물들이 있는데, 대체로 무척추동물이나 어류 등이 그렇다. 돌고래는 그렇지 않다. 대체로 돌고래에는 오랜 기간 축적된 영향으로 인한 변화가 시간이 지나면서 간접적으로 나타나는 경우가 훨씬 많다. 우리 인간이 미세먼지가 좀 늘어난다고 해서, 기후변화로 여름이 길어지고 겨울이 좀 더 추워진다고 해서, 오염원에 노출되거나 미세 플라스틱을 섭취한다고 해서 당장 죽거나 즉시 병에 걸리지 않는 것과 비슷하다. 하지만 어느 정도 시간이 흐르면 우리 몸의 어느 부분에선가 이상 현상이 생기기 시작한다. 그 현상이 수년 혹은 수십 년 전의 문제와 연관된 것임을 파악하자면 상당한 노력과 시간을 들여야 한다. 돌고래도 마찬가지다. 기후변화로 수온이 조금 더 올라간다고 해서, 해양 환경이 조금 더 오염된다고 해서 당장 돌고래들이 죽어 나가지는 않을 것이다. 그러나 돌고래 무리에 질병이 퍼지고 개체수가 감소한다면 이미 오랜 기간 해양 환경의 변화가 지속된 것이고 그로부터 초래될 결과는 인간에게도 부정적인 영향을 끼칠 것이다.

고래류에 가해진 가장 큰 위협은 언제나 인간에 의해 야기되었다. 과거의 포획이 그랬고, 오늘날 기후위기와 환경오염이 그렇다. 인간의 오락을 위한 무분별한 접근은 고래의 행동을 교란하고, 소음은 그들의 의사소통을 방해한다. 인간이 바다를 이

용해 벌이는 다양한 개발이 고래류의 서식지를 망가뜨린다. 이런 피해는 서식지가 인간의 영역과 겹칠수록 더욱 심각하다.

심지어 탄소를 줄인다는 재생에너지를 얻기 위해 해양 생태계를 무너뜨리기도 한다. 전 세계적으로 재생에너지 사용이 세계적인 화두로 대두되면서 대규모 해상 풍력발전 단지가 건설되기 시작했다. 그러한 시설을 고정하기 위해 해저 지반에 말뚝을 박는 항타 공법 pile driving은 어마어마한 소음을 발생시킨다. 이 소음이 해양 포유류에 직접적이고 치명적인 위협이 된다는 사실이 알려져 이를 경감시키려는 대책이 제안되었다. 일정 반경 안에서 해양 포유류가 발견되면 공사를 중지하고 해양 포유류가 충분히 멀어진 뒤 작업을 재개하는 것이 한 방법이다. 그러나 개발과 같은 직접적인 문제가 아니라, 간접적으로 오랜 기

간 피해가 누적되어 발생하는 문제는 그 영향을 파악하기도 쉽지 않을뿐더러 심각성 또한 간과되기 일쑤다. 서식지 파괴도 그 한 예이다. 바로 풍력발전 시설을 고정하고 전력을 전달하기 위해 해저에 케이블을 묻는 과정에서 비슷한 문제가 발생할 수 있다. 서식지 파괴에 따른 영향을 파악하기 위해서는 해당 지역의 공사가 시작되기 전에 그 지역의 해양 포유류 생태와 생태계 전반에 대한 조사가 다각도로 이뤄져야 한다. 또한 착공 이후 해당 지역의 생태적 변화를 꾸준히 추적해야 한다. 이는 일부 생태계가 일시적으로 회복된 것처럼 보이는 현상을 과대평가하는 실수를 막기 위해서다. 실제로 한 번 파괴된 생태계가 온전히 복원되었는지 평가하는 기준이 단순하면 안 된다. 즉 사라졌던 몇몇 생물종이 다시 많이 발견되는 것만으로는 부족하다는 뜻이다.

'천이'遷移, succession라는 개념이 있다. 천이는 같은 장소에서 시간의 흐름에 따라 군집이 변화하는 현상을 말하는데, 한 지역의 생태계가 파괴되고 회복되는 과정에서 천이가 이루어짐에 따라 기존의 생태계 구성요소가 온전히 돌아오지 못하는 경우가 대부분이다. 해상 풍력발전 단지나 대규모 개발이 이루어진 지역에서 일부 종이 충분히 발견되더라도 그것이 이전의 생태계로 회복되었다는 증거는 아니다. 한 번 파괴된 생태계가 온전히 회복되는 데는 실로 오랜 시간이 걸리며, 온전히 복원되었는지 파악하는 데도 또다시 긴 시간을 들여야 한다. 어떤 경우에는 복원 과정에서 기존의 생태계와는 다른 방식으로 군집의 구조가 바뀌기도 한다. 특히 해양 포유류는 원래의 서식지에서 그들이 발견되었다는 정도로는 부족하여 그 종들이 그 지역에서 어떤 활동을 하고 있는지를 면밀히 조사해야 한다.

자연은 오래도록 인간의 소유물처럼 취급되어 왔다. 그러나 이제는 자연을 대하는 인간의 태도를 근본적으로 바꾸어야 한다는 목소리가 드높다. '생태법인' 제도가 그중 하나이다. 법적으로 의미를 갖는 주체인 법인격을 생태적 가치가 중요한 생태계나 동식물에도 부여하자는 제도이다. 뉴질랜드에서는 2017년 환가누이강에 법인격을 부여하고 그 권리를 인정했다. 같은 해 인도에서는 갠지스강과 야무나강, 야무노트리 빙하와 강고트리 빙하의 법인격을 인정하는 판결이 났다. 2021년 미국 연방법원은 콜롬비아 마그달레나강에 사는 하마 공동체를 법인으로 인정하고 소송 당사자로 승인한다고 판결했다. 이러한 결정들은 '사람'과 '법인(회사 등)' 외에 인간이 아닌 생물 또는 자연물이 법적 주체가 되어 법적 권리 또는 법적 주체성을 갖는 것을 인정한다. 법인격을 인정받은 생물 또는 자연물은 그들의 온전한 상태를 유지하기 위한 법적 권리를 확보하고 피해를 준 상대방에게 (대리인을 앞세워) 소송을 걸거나 이의를 제기할 수 있다. 지금까지 법인의 지위는 인간 또는 인간 집단에만 부여되었다. 그러나 생태법인은 인간 중심의 관점, 인간 중심의 사회경제체제, 그 너머를 아우를 때만 가능해진다. 인간은 물론 인간이 속한 환경과 생태계를 하나로 보는 시각에 공감하고, 또한 더 거시적 관점에서 우리가 속해 있는 생태계를 지속가능한 체제로 전환해야 한다는 주장에 공감해야 동의할 수 있는 개념이다.

2020년 제주에서도 생태법인에 관한 논의가 시작되었다. 제주에서만 서식하는, 120여 마리의 개체로 이루어진 남방큰돌고래의 생태법인 지정에 관한 논의이다. 지역 해양 생태계의 균형을 이루는 데 중요한 존재이면서도 다양한 위협에 직면해 있는 남방큰돌고래가 법인격을 갖는다면 좀 더 오래, 좀 더 온전히 제주에서 인간과 함께 살아갈 수 있으리라 생각하는 여러 사람의 바람에서 시작되었다. 물론 실제로 남방큰돌고래가 국내 최초의 생태법인으로 지정될 수 있을지는 앞으로 이루어질 긴 논의를 지켜보아야 하겠지만 말이다. 이해관계자들과의 공감대 형성부터, 어떤 형태로 제도가 도입될지, 생태법인으로 지정된다면 대리인은 어떻게 선정하고 관리할지 등 넘어야 할 산이 많다. 얼마나 오래 걸릴 일인지는 알 수 없지만, 더욱 많은 사람이 참여하여 더 격렬하게 토론하고 의견을 나누게 되기를 바란다. 그 모든 과정이 남방큰돌고래는 물론, 더 많은 생물과 우리의 후손에 도움이 되는 일이라 믿는다.

에필로그
돌고래가 가르쳐준 것

귀뚜라미와 개구리를 찾아 산과 들을 헤매던 대학원생 둘이 가끔 해외 학회에 참석했다. 학회에서 만난 온갖 연구자 중 드물게 돌고래나 고래 연구자를 만나면 마냥 신기해 보였다. 고래라니. 바다라니. 그때만 해도 우리가 바다에서 고래를 따라다닐 거라는 생각은 꿈에도 하지 못했다. 책이나 다큐멘터리에서만 봐 오던, 보기 힘들고 놀라운 생물을 연구하는 사람들을 만나는 것이 그저 신기할 뿐이었다.

    한국에서 고래를 볼 수 있을 것이라는 생각도 그때는 하지 못했다. 고래를 보기 위해서라면 당연히 해외로 가야만 한다고 생각했다. 그러나 고래는 한국에도 살고 있었다. 심지어 고래를 보기 위해 배를 타지 않아도 육상에서 땅을 밟은 채로도 얼마든지 볼 수 있는 어마어마하게 유리한 환경의 섬이 한국에 있었다. 오지에 있거나 깎아지른 절벽으로 둘러싸인 섬도 아니다. 섬 전역에 해안도로가 매끈하게 뻗어 있고, 보기 어려울 법한 장소에서도 어떻게든 보이는 구간을 찾아낼 수 있다. 섬을 둘러싼 바다 전체를 육상에서 볼 수 있는 공간이라니. 심지어 그런 곳에 돌고래가 살고 있다니. 왜 진작 이런 사실을 인지하지 못했을까.

    돌고래를 야생에서 연구하기로 결심한 이후, 가장 먼저 익힌 것은 돌고래의 행동을 구별하는 방법 따위가 아니었다. 길을 외워야 했다. 동네 이름과 도로 이름을 외웠다. 이름이 없는 도로는 우리 편의상 이름을 붙이기도 했다. 해안도로에서 보지 못하는 연안 구석구석을 볼 수 있게 해안가로 가는 동네 골목길을 일단 다 들어가봤다. 길이 없으면 돌아서 나오면 되고, 길이 끊어지면 후진으로 나오면 된다. 내비게이션에는 도로가 끊겼다고 나와도 좁은 길이라도 있는지 알아 두었고, 차가 못 들어가면 걸어 들어갈 수 있는 구간을 찾아 모두 기억해 두었다.

 길을 어느 정도 익힌 후에는 돌고래를 찾으며 운전하는 법을 연습했다. 해안도로는 차가 많지 않고, 우리는 대체로 느린 속도로 다닌다. 때로는 차를 세우고 싶거나 세워야만 하는 순간에도 정차하기 어려운 때가 있다. 차를 세우기 전에는 뒤에서 차가 오지 않는지, 길가 어디쯤 주차하기 적당한지, 근처에 위험 요소가 있지는 않은지, 자전거나 사람이 어디서 갑자기 튀어나오지 않는지까지 세심히 살펴야 한다. 천천히 이동하는 동안에도 혹시나 뒤에 오는 다른 차의 진로를 방해하지는 않는지, 돌고래가 나오면 바로 차를 세울 만한 곳이 있는지 끊임없이 살피며 운전하다 보니 이제 운전할 때는 지나치게 룸미러를 확인하는 것이 습관이 되었다(영화처럼 다른 차가 우리를 미행하더라도 즉시 알아차릴 수 있을 것 같다).

 길도 외웠고, 운전도 적당히 할 수 있고, 돌고래도 찾을 수 있게 되었지만, 그러고도 또 다른 난관이 있었다. 망원렌즈로 돌고래를 찍는 것이다. 혼자 다니든 둘이 다니든 사진은 한 명이 찍을 수밖에 없다. 한 사람이 돌고래를 보고 있더라도 카메라를 든 사람은 400~500밀리미터 망원렌즈를 들고 있다가 돌고래가 수면 위로 나오는 순간을 포착해 최대한 정확히 등지느러미에

제주도는 땅을 밟은 채 고래를 볼 수 있는 환상의 섬이다.

초점을 맞추고, 최대한 많은 개체의 사진을 찍어야 한다. 계속 이동하는 돌고래의 속도와 방향에 맞춰 렌즈를 천천히 이동하고, 돌고래가 나오면 얼른 초점을 맞출 수 있는 구간에 등지느러미가 잡히도록 뷰파인더를 향한다. 최대한 많은 개체의 사진을 확보해야 하니 돌고래가 많아지면 많아질수록, 무리가 길게 늘어지면 늘어질수록 무리의 크기와 형태를 대략이라도 기억해 두었다가 무리 구석구석을 찍어야 한다. 그러다 보니 돌고래를 찾고, 뷰파인더로 돌고래를 찍는 작업을 동시에 진행한다. 왼쪽 눈은 바다에 초점을 두고, 오른쪽 눈은 뷰파인더를 본다. 왼쪽 눈으로 바다의 돌고래 무리를 보다가 뷰파인더 안에 들어오는 순간 눈을 감거나 얼굴을 돌리는 것이 아니라 얼른 오른쪽 눈으로 초점만 옮겨 사진을 찍으면 되는 것이다. 속도는 빨라지고 효율은 높아졌으나 난시라는 부작용이 생겼다.

에필로그 — 돌고래가 가르쳐준 것

이런 것들 외에도 돌고래를 따라다니기 위해서는 알아 두 거나 챙겨야 할 의외의 것들이 많다.

먼저 제주 방언이다. 제주도에서는 어촌계마다 해녀 삼춘(웃어른을 부르는 제주 방언)들이 항상 마을 어장을 지켜보고 있다. 혹시라도 누가 몰래 들어가 마을 어장에서 슬쩍 무언가를 채취해 나오지는 않는지 순번을 정해 마을 정자나 해안가에 가져다 둔 의자에 앉아 하염없이 바다를 바라다보며 지킨다. 돌고래를 열심히 찾아다녀도 찾지 못하거나, 분명 어디쯤에서 돌고래가 나왔을 것 같은데 보지 못한 것 같으면 슬쩍 처음 보는 삼춘께라도 말을 건다. "삼춘, 돌고래 보셨어요?" "○⊗△⊖□~~." 처음에는 내가 전혀 알아듣지 못하는 외국어 같았다. 분명 '곰시기(돌고래의 제주 방언) 어쩌고' 하는 걸로 봐서는 보셨다는 것 같긴 한데…. 이제는 한 60퍼센트쯤은 알아듣는 것 같은 정감 넘치는 제주 방언이지만 당시엔 당최 모를 말의 향연이 펼쳐졌다. 처음에는 화를 내는 건지, 봤다는 건지, 모르겠다는 건지, 아니면 전혀 다른 얘기인지 하나도 이해할 수 없었는데, 이제는 대충이나마 알아듣고 웃으며 맞장구도 친다. 여전히 너무 어려운 말이긴 하지만.

배를 탈 때의 에티켓도 알아 두어야 한다. 배를 타면 보통 선장과 연구원, 혹은 선장과 선원들 그리고 연구원 한두 명이 승선하는데, 연구만을 위해 배가 뜰 경우에는 신경 쓸 게 많지 않다. 배가 출발하기 전 마지막으로 배를 고정시켜 둔 밧줄을 빼거나, 배가 항구에 도착하면 얼른 내려 다시 밧줄을 걸어 두어야 하는 것, 배에서 사람이 내릴 때는 밧줄에 무게를 실어 단단히 잡고 배가 움직이지 않도록 하는 정도가 전부다. 그러나 어민들이 작업하는 배에 얹혀 타기라도 하면 몇 배로 신경 쓸 것이 많아진다. 배에서 선원들의 움직임에 방해가 되지 않도록 걸리적거리면 안 된다. 움직이는 동선과 다음 스텝을 잘 보고 있다가 미리 피하거나 원하는 물건을 건넨다. 우리 일은 최대한 빨리, 깔끔하게 끝낸다. 자잘한 정리는 배의 본업이 마무리되고 이동 중에 해도 되니 행여 우리 때문에 작업이 길게 늘어지지 않도록 신경 써야 한다. 배에 있는 줄이나 장비에 걸리거나 넘어지지 않도록 각별히 주의해서 움직이고 우리 장비는 한쪽 구석에, 밧줄은 팔꿈치에 걸어 간격 맞춰 깔끔하게 돌돌돌 말아 둔다. 대체로 모든 장비는 우리가 들어 옮길 수 있는 수준이고 무거우면 둘이나 셋이 함께 들면 되는데, 다만 사전에 준비할 때 어느 정도의 무게이고 부피인지 미리미리 체크해야 한다. 미끄럼 방지용 보조 장갑이나 다른 필요한 물품이 있는지도 확인해 준비한다.

　의외의 준비물도 있다. 차에 항상 소독약과 비닐장갑을 챙겨 둔다. 로드킬 당한 동물을 위한 것이다. 해안도로를 달리다 차에 치여 죽은 동물 사체를 발견하면 곤충이나 분해자가 많을 것 같은 주변으로 옮겨준다. 해안도로에는 생각보다 로드킬당한 동물의 사체가 많다. 개구리나 고양이부터 뱀, 새, 쥐, 개 등등. 매번 묻어주지는 못하지만 그래도 길에서 내내 밟힐 것을 생각하면 마음이 쓰여 최대한 수습해주려고 한다.

　조류 도감도 늘 들고 다닌다. 돌고래가 나오지 않아 집으로 돌아오는 길이나 해안가에서 만나는 바닷새와 산새 들이 궁금해서다. 이들은 정신을 환기시키고 집중력을 다시 끌어올려준다. 새로 본 종이 하나 늘어날 때마다, 작년에 본 종을 다시 만날 때마다, 아무것도 못 보는 것보다는 한결 기분이 가볍다. 움직이는 작은 새를 망원렌즈로 따라 움직이며 초점을 맞춰 찍어보려는 시도는 바다의 돌고래를 찍을 때도 도움이 된다.

공구는 언제나 옳다. 사실 절삭용 다목적 가위, 절연테이프, 케이블타이만 있어도 우리가 바다 위나 바닷속에서 필요한 대부분의 일을 할 수 있다. 그래도 장비와 공구는 다양하면 다양할수록 좋다. 안전하고, 편리하고, 심지어 예쁘고 깔끔하게 마무리할 수 있다. 좋은 도구는 우리는 물론 연구 장비의 안전까지 책임지는 듯해 든든하다.

세척 또한 중요하다. 바닷가에서 보내는 시간이 많을수록 장비는 빨리, 많이 부식된다. 일이 끝나면 최대한 빠르게 닦고 빨고 세척하는 건 우리가 사용하는 모든 것의 수명을 늘이는 데

수거한 음향 장비에 묻은 개흙을 깨끗이 닦아야 한다.

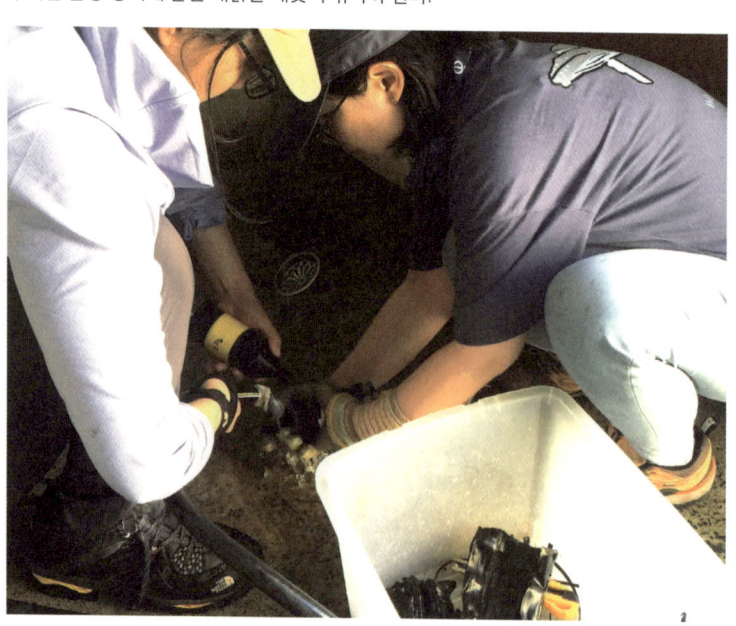

꼭 필요한 일이다. 깨끗이 씻을 때는 사람의 수명도 늘어나는 것만 같다.

바다는 멋있다. 예쁘고, 무섭다. 매일매일, 매 시간, 매 순간 색과 빛이 바뀐다. 수면 위로 보이는 바다는 물론 바닷속에서 주변을 봐도 멋있고, 예쁘고, 무섭다. 여전히 모르는 게 가득하지만 그 안에 내가 아는 멋진 것과 내가 모르는 멋지고 신기한 것들이 있음을 떠올릴 때마다 새삼 이런 걸 보고 살 수 있어서 다행이라는 생각이 든다.

마지막으로 중요한 것이 동료다. 무엇보다 일과 고민을 나눌 수 있는 동료가 최고다. 혼자 다닐 때도 운전하고 돌고래를 찾고 사진을 찍고 행동을 기록할 수 있다. 그러나 동료가 있다면 많은 부분 좀 더 일이 수월해지고 각자의 역할을 나눌 수 있어 탐색할 때도 좀 더 드넓은 바다를 볼 수 있다. 당연히 돌고래를 찾는 데도 유리해진다. 수집된 데이터의 퀄리티도 더 좋아진다. 한 명이 행동 관찰, 사진 촬영, 드론 운용, 돌고래 탐색과 운전을 하기 위해서는 무언가 포기해야 하는 것이 생길 수밖에 없다. 하지만 동료가 있으면 포기해야 할 것을 줄일 수 있고 더 많은 종류의 데이터를 수집할 수 있으니 연구 주제를 확장하는 데도 좋다. 무거운 장비를 드는 것은 물론이고 안전 확보도 중요한 지점인데, 장비를 이고 진 채 인적 드문 비포장도로나 골목길, 갯바위를 돌아다녀야 하는 데서 오는 불안감 또한 줄어 한층 더 일에 집중할 수 있다.

돌고래를 보기 위해 시작한 일이고 돌고래를 계속 보기 위한 일을 하고 있지만, 돌고래보다 돌고래 외의 것들을 배우고 익히는 시간이 더 느는 것 같다. 돌고래를 따라다니며 우리가 배운

두 연구원의 의기투합으로 설립된 MARC는 현재 연구 동료가 늘었다.

것은 계속 시도하고 한계를 받아들이는 것이었다. 그리고 나 이외의 다른 존재 또한 인식하고 인정하는 일이기도 했다. 여전히 앞으로도 수많은 시행착오를 거치겠지만, 우리는 여전히 바다에 남기를 바라고 있다. 그리고 그 시간이 돌고래들에도 도움이 되기를 바란다. 우리는 계속 돌고래가 사는 바다를 보고 싶다.

마린 걸스
두 여성 행동생태학자가 들려주는 돌고래 이야기

2023년 6월 19일 초판 1쇄 펴냄
2023년 6월 29일 초판 2쇄 펴냄

지은이 — 장수진, 김미연
그린이 — 키박

편집 — 김은경
디자인 — 스튜디오 하프-보틀
제작 — 세걸음
인쇄·제본 — 상지사P&B

펴낸이 — 최지영
펴낸곳 — 에디토리얼
출판등록 — 제2020-000298호(2018년 2월 7일)
주소 — 서울시 마포구 신촌로2길 19, 306호
전화 — 02-996-9430
팩스 — 0303-3447-9430
이메일 — editorial@editorialbooks.com
홈페이지 — www.editorialbooks.com
페이스북 — @editorialbooks
인스타그램 — @editorial.books

ISBN 979-11-90254-25-0 04400
ISBN 979-11-90254-12-0(세트)

Editorial Science : 모두를 위한 과학

과학기술의 일상사
맹신과 무관심 사이, 과학기술의 사회생활에 관한 기록

박대인·정한별 지음

APCTP(아시아태평양이론물리센터) 2019 올해의과학도서

한국출판문화산업진흥원 출판콘텐츠창작자금지원사업 선정작

21세기 필수교양으로 언급되는 과학이 진정으로 시민의 소양이 되려면 무엇을 이야기하고 공유해야 할지 고민하며 쓴 결과물이다. 정책의 눈으로 보면 시민이 현실에서 체감하는 과학기술의 면면을 잘 드러낼 수 있다. 한국 사회의 오래된 화두인 기초과학 육성 담론, 이로부터 자연스레 따라나오는 정책적 쟁점들뿐만 아니라, 과학기술의 사회·정치·문화적 측면을 함축한 다양한 사례와 현안을 다룬다.

계산하는 기계는 생각하는 기계가 될 수 있을까?
인공지능을 만든 생각들의 역사와 철학

잭 코플랜드 지음
박영대 옮김, 김재인 감수

"실현 가능한 인공지능에 대한 최고의 철학적 안내서." —저스틴 리버(휴스턴 대학교 철학 및 인지과학)
"많은 연구자들의 희망과 주장을 매우 균형 있게 다룬 저작." —휴버트 드레이퍼스(캘리포니아대학교 인공지능 연구 및 기술비평)

앨런 튜링 연구의 권위자, 인공지능과 컴퓨팅의 원리와 역사에 정통한 세계적 학자의 저작. 인공지능에 대해 낙관적인 전망이 주를 이뤘던 1950~60년대에도, 두 차례의 '인공지능 겨울'에도, 그리고 어느 때보다 그 중요성이 급부상한 지금까지도 제대로 답해지지 않았기에 여전히 유효한 물음들을 다룬다. 코플랜드 교수는 인공지능에 정통한 철학자답게 인공지능이란 화두에 내포된 사회적이고도 철학적인 쟁점을 토론에 부쳐 언어를 공유하는 공동체가 현실에 임박한 기계지성체의 존재를 어떻게 이해하고 대해야 하는지 기준점을 제시한다.

세포
생명의 마이크로 코스모스 탐사기

남궁석 지음

2020 우수출판콘텐츠 제작지원사업 선정작

'매싸'(MadScientist) 남궁석 박사의 세포, 생물, 생명의 과학 이야기. 생명의 신비와 생물의 다양성은 생명의 기본 단위인 세포에서 구현되고 있다. 세포 내 생리 작용의 본체인 단백질의 다양성은 상상을 초월한다. 생물학계의 최신 연구 사조는 단백질 '디자인'을 통해 인공세포, 합성생물을 만드는 데 도전하고 있다. 현대 생물학의 최전선에서 생명의 원리를 통합적으로 이해하도록 이끄는 책.

겸손한 목격자들
철새·경락·자폐증·성형의 현장에 연루되다

김연화·성한아·임소연·장하원 지음

과학학의 한 갈래인 과학기술학은 복잡하고 전문화된 현대과학 이해에 매우 유용한 관점을 제시한다. 국내 첫 과학기술학 여성 연구자 4인이 오랜 시간 머물며 연구한 '현장'으로 들어가 살아 있는 과학을 만난다. 민족지를 연구하는 인류학자처럼 저자들은 과학지식이 실천·생산·유통되는 현장을 몸소 겪으며 관찰하고 기록한다. 철새 도래지, 한의학물리실험실, 자폐스펙트럼장애를 가진 자녀를 돌보는 어머니 커뮤니티, 미인과학의 산실인 성형외과라는 각기 다른 장소에 연루된 저자들의 목격담은 블랙박스에 비유되는 과학의 문을 연다.